essentials

essentials liefern aktuelles Wissen in konzentrierter Form. Die Essenz dessen, worauf es als „State-of-the-Art" in der gegenwärtigen Fachdiskussion oder in der Praxis ankommt. *essentials* informieren schnell, unkompliziert und verständlich

- als Einführung in ein aktuelles Thema aus Ihrem Fachgebiet
- als Einstieg in ein für Sie noch unbekanntes Themenfeld
- als Einblick, um zum Thema mitreden zu können

Die Bücher in elektronischer und gedruckter Form bringen das Expertenwissen von Springer-Fachautoren kompakt zur Darstellung. Sie sind besonders für die Nutzung als eBook auf Tablet-PCs, eBook-Readern und Smartphones geeignet. *essentials:* Wissensbausteine aus den Wirtschafts-, Sozial- und Geisteswissenschaften, aus Technik und Naturwissenschaften sowie aus Medizin, Psychologie und Gesundheitsberufen. Von renommierten Autoren aller Springer-Verlagsmarken.

Weitere Bände in dieser Reihe http://www.springer.com/series/13088

Wolfgang Schlicht

Urban Health

Erkenntnisse zur Gestaltung einer „gesunden" Stadt

Mit einem Geleitwort von
Prof. Dr. med. Rainer Fehr

Wolfgang Schlicht
Stuttgart, Deutschland

ISSN 2197-6708   ISSN 2197-6716   (electronic)
essentials
ISBN 978-3-658-18653-1   ISBN 978-3-658-18654-8   (eBook)
DOI 10.1007/978-3-658-18654-8

Die Deutsche Nationalbibliothek verzeichnet diese Publikation in der Deutschen Nationalbibliografie; detaillierte bibliografische Daten sind im Internet über http://dnb.d-nb.de abrufbar.

Springer Spektrum
© Springer Fachmedien Wiesbaden GmbH 2017

Gedruckt auf säurefreiem und chlorfrei gebleichtem Papier

Springer Spektrum ist Teil von Springer Nature
Die eingetragene Gesellschaft ist Springer Fachmedien Wiesbaden GmbH
Die Anschrift der Gesellschaft ist: Abraham-Lincoln-Str. 46, 65189 Wiesbaden, Germany

Was Sie in diesem *essential* finden können

- Eine Einführung in die gesundheitswissenschaftliche Perspektive der Stadtplanung und -entwicklung
- Paradigmata der Forschung zur Urban Health
- Fakten, welche die Gesundheit von Stadtbewohnerinnen und -bewohnern bedrohen und welche sie stärken
- Merkmale, die eine 'gesunde Stadt' ausmachen könnten
- Methodische Überlegungen zum Erkenntnisgewinn in der Urban Health-Forschung

Geleitwort

Die Frankfurter Soziologin Marianne Rodenstein eröffnete ihre 1988 erschienene
Schrift „,Mehr Licht, mehr Luft' – Gesundheitskonzepte im Städtebau seit 1750"
mit der Überschrift „Das Desinteresse des heutigen Städtebaus an gesundheitlichen Fragen". Sie zeigt auf, wie intensiv und vielfältig die Themen Städtebau und
Gesundheit jahrhundertelang korrespondierten und schließt mit der Feststellung:
„Zur Zeit sieht es … so aus, als habe der Wert ‚Gesundheit' … heute seine einst
gesellschaftsgestaltende Kraft verloren" (Rodenstein 1988).

Knapp 30 Jahre später gibt es Grund, zu einer anderen Einschätzung zu kommen. Das wechselseitige Interesse von Stadtplanung/-entwicklung und Gesundheit wächst wieder deutlich an: Auf Seiten von Planungswissenschaft und -praxis
erfährt das Thema Gesundheit bei Überlegungen zur Daseinsvorsorge größeres
Gewicht; in den Gesundheitswissenschaften wird versucht, eine vorherrschende
Fokussierung auf personale Gesundheitsförderung und auf Versorgungsforschung
in Theorie und Praxis sinnvoll zu ergänzen durch Rückbesinnung auf die Rolle
der Lebensverhältnisse – und das heißt eben immer öfter: urbane Lebensverhältnisse.

Dabei handelt es sich zum Teil um bewusstes Anknüpfen an gemeinsame Wur-
zeln von Gesundheit und (Stadt-)Planung. Hinzu kommt Inspiration durch eine
Kultur von *Urban Health* im internationalen Raum. Nun erfährt dieses Thema
auch in Deutschland wieder größere Aufmerksamkeit: als Forschungsgegenstand,
bei Tagungen und Exkursionen, in interdisziplinären Diskursen und Arbeitsgrup
pen von Fachgesellschaften und Akademien, und – aus guten Gründen – auch in
der Zivilgesellschaft. Und während *Public Health* bis heute nach einer passenden
Übersetzung ins Deutsche sucht, scheint diese für *Urban Health* mit dem Begriff
StadtGesundheit gefunden zu sein.

So kommt das vorliegende Werk zur rechten Zeit. In konzentrierter Form bringt es kompetent und verständlich die Themenvielfalt von StadtGesundheit zur Sprache. Plausibler Ausgangspunkt der Darstellung sind unterschiedliche Stadtkonzepte wie Gartenstadt oder autogerechte Stadt, dazu Urbanität, New Urbanism und das vielschichtige Konstrukt Stadtgestalt. Unter erfrischend deutlichen Überschriften werden wichtige Teilthemen vertieft. Hier ist die Rede von „dicker Luft", „Bitte, mal leise" und „Riechst Du das Laub?"

StadtGesundheit lässt sich wissenschaftlich aus unterschiedlichen Perspektiven angehen. In diesem Band ist der gesundheits- und umweltpsychologische Blickwinkel besonders stark vertreten. Lebensqualität wird psychologisch interpretiert, und eine Reihe psychologisch fundierter Theorieansätze werden vorgestellt, darunter die der Humanevolution verbundene *Stress-Recovery Theory* und der theoretische Entwurf des *Perceptual fluency account*. Auch theoretische Zugänge der Soziologie – u. a. aus der legendären *Chicago School of Sociology* – sowie auch biomedizinische Studienergebnisse kommen nicht zu kurz. Dem *Social causation model* zufolge können soziale Beziehungen der Gesundheit zu- oder abträglich sein; soziale Netzwerke können materiell, institutionell, emotional und sozial unterstützen. Ein solcher Ansatz dürfte zu den Grundüberzeugungen im Arbeitsfeld StadtGesundheit zählen.

Im Text begegnen wir Schlüsselkonzepten wie *Disability Adjusted Life Years* (DALYs) und Sozialem Kapital. Bezüglich Gehfreundlichkeit *(Walkability)* wird zu Recht vor Überschätzung gewarnt; offenkundig stellt dieses Konzept nicht das universell gültige Maß dar, an dem sich eine „gesunde Stadtgestalt" ausrichten könnte. Eine Auswahl bedeutender Gesundheitsstudien vom *Multiple risk factor intervention trial* (MRFIT) der 1980er Jahre bis zur LARES-Studie der Weltgesundheitsorganisation kommt zur Sprache. Zutreffend sieht dieser Band Städte als komplexes Agglomerat von physikalischen Entitäten und sozialen Interaktionen. Typisch sind hier nicht monokausale Einflüsse auf die somatische und mentale Gesundheit der städtischen Bewohnerinnen und Bewohner, sondern komplexe Wirkmechanismen mit Wechselwirkungs- und Moderatoreffekten.

StadtGesundheit ist ein spannendes Thema; einzelne Forschungsbefunde vermögen immer wieder zu faszinieren (auch wenn sie später oft revidiert werden müssen). Bei einem Vergleich städtischer Quartiere lautete ein Ergebnis: „Zehn mehr Bäume und die subjektive Gesundheit stieg auf ein Niveau, als wären die Bewohnerinnen und Bewohner sieben Jahre jünger". Wie wir wissen, zeigt nicht nur die subjektive Gesundheit, sondern sogar ein hartes Merkmal wie die Lebenserwartung entsprechende Korrelation mit erfreulicher Wohnumgebung – nur bleibt es schwierig, aus solchen Korrelationen kausale Einflüsse auf die

Gesundheit herzuleiten. Plausibel legt der Text dar, dass sich z. B. die Frage nach einer aktivitätsfördernden Stadtgestalt bisher nicht eindeutig beantworten lässt.

Offenkundig verlangt das Thema, unterschiedliche Aspekte miteinander zu verweben. Genau dieses Anliegen wird von Sozial- (oder Human-)Ökologie verfolgt, und folgerichtig werden diese Ansätze hier als gemeinsame theoretische Grundlage benannt. Es klingt auch an, dass wir es bei StadtGesundheit mit Aufgaben und Problemen zu tun haben, die eine „systemische", die Vielzahl und Vielfalt von Verflechtungen anerkennende Herangehensweise verlangen. Von den zahlreichen, auf lokaler wie globaler Ebene, beobachtbaren Phänomenen ausgeprägten Wandels werden hier als wichtige Beispiele der demografische und der Klima-Wandel angesprochen.

Wagt man einen Blick in die Zukunft, so erscheint es plausibel anzunehmen, dass „Systemik" *(Systems approach)* und Dynamik (multipler Wandel) künftig zu zentralen Forschungsthemen von StadtGesundheit werden dürften. In der Tat verfolgen internationale Kooperationen unter Beteiligung hochrangiger Wissenschaftsorganisationen schon jetzt solche Ansätze. Doch sind der quantitativen Modellierung von *urban systems, ecosystems* und *human systems* – und insbesondere deren Zusammenspiel – noch enge Grenzen gesetzt.

Sehr zu Recht bringt dieser Band auch Konfliktpotenzial für StadtGesundheit zur Sprache. Ein Beispiel sind Empfehlungen, bei Außenluftbelastung bevorzugt in Innenräumen zu verbleiben, um Schadstoffexpositionen zu mindern. Die hiermit in aller Regel verbundene Reduzierung körperlicher Alltagsaktivität bleibt bei solchen Verhaltensempfehlungen leicht „außen vor". Für solche Zielkonflikte fehlen einfache Antworten. Immerhin konnten Modellierungen zeigen, dass für innerstädtisches Radfahren trotz Verletzungsrisiko und erhöhter Schadstoffexposition die körperliche Aktivität einen Gesundheitsgewinn bedeutet.

Zielkonflikte bezüglich StadtGesundheit können viele Formen annehmen. Das aus guten Gründen hoch geschätzte Stadtgrün kann, wie der Text ausführt, auch verbunden sein mit Pollenflug, allergenem Potenzial, Pestizideintrag sowie Krankheitsübertragung durch Zeckenbiss. Aus Gründen der Umweltgerechtigkeit könnten Belastungen z. B. durch Fluglärm gleichmäßiger als bisher verteilt werden oder sogar dorthin gelenkt werden, wo die Verursacher besonders zahlreich anzutreffen sind. Hier stellen sich brisante gesundheits- und umweltethische Fragen.

In der Wissenschaft hat StadtGesundheit gegenwärtig Konjunktur. Führende Zeitschriften wie *Nature, Science* und *Lancet* behandeln das Thema. Aufseiten der Praxis erfolgen Aktionen wie z. B. befristete Sperrungen von Straßen und Plätzen für den motorisierten Verkehr, mit erwünschten Auswirkungen auf soziale Interaktion und körperliche Bewegung. Solches aus New York zu erfahren verwundert nicht, denn diese Stadt weist eine bemerkenswerte Vorgeschichte zu *Urban Health* auf. Die *New York Academy of Medicine* (Motto: *Healthy cities. Better lives*), heute mit einem eigenen *Institute of Urban Health* ausgestattet, verfolgt das Thema seit ihrer Gründung im Jahre 1847. Unlängst schrieb ein amtierender New Yorker Bürgermeister das Vorwort einer Buchpublikation über StadtGesundheit.

Wie eine solche breite Verankerung des Themas in der Zivilgesellschaft in Deutschland zu erreichen wäre, ist offen. Von einem Förderprogramm (www.stadt-und-gesundheit.de) ausgehend, wird nach dauerhafter Form gesucht, um den Austausch zwischen Wissenschaft und Gesellschaft zu unterstützen, Wissensbestände zu erhalten, Werkzeuge zu entwickeln und weitere Forschung anzuregen. Das vorliegende Werk könnte beitragen, dem Thema die verdiente Resonanz zu geben.

Es bleibt viel zu tun, um ‚gesunde Städte' zu gestalten.
Prof. Dr. med. Rainer Fehr MPH, PhD (UC Berkeley)

Inhaltsverzeichnis

Einleitung

1

Die Sehnsucht nach dem Landleben scheint groß. Das legen Fernsehsendungen und Zeitschriften nahe, die den Alltag auf dem Land schildern, ihn romantisch verklären und hochglänzend bebildern. Auf dem Land leben, das wollen aber immer weniger Menschen. Die Landflucht bedingt Wachstum der Städte, Verschiebung der relativen Anteile der Stadt- zur Landbevölkerung, Verdichtung des Städte-Netzes und räumliche Ausdehnung der Stadt in den ländlichen Raum. In den kommenden beiden Jahrzehnten werden 70 bis 80 % der deutschen Bevölkerung in Stadtregionen wohnen. **Urbanisierung** ist einer von mehreren Zukunftstrends, der Wissenschaft, Wirtschaft und Gesellschaft herausfordert.

Der Trend zur Urbanisierung koinzidiert zeitlich mit dem **demografischen Wandel** und dem **Klimawandel** (IPCC 2014). In 2050 wird der Anteil der 65 Jahre und älteren Menschen an der deutschen Bevölkerung von derzeit etwa 21 % auf über 30 % gestiegen sein. Die „Alten" bilden eine vulnerable Gruppe. Sie werden Starkregenfälle, Hitzeperioden und Stürmen ausgesetzt sein. Hitze verstärkt die bodennahe Ozonbelastung und den **urban heat island-Effekt** (höhere Nachttemperaturen in der Stadt als auf dem Land). Hitze beeinträchtigt die Gesundheit, nicht nur der alten Menschen.

Die angedeuteten Szenarien verweisen auf die notwendige Kooperation von Stadt-, Raumplanung und Architektur, die gemeinsam mit Gesundheitswissen-

© Springer Fachmedien Wiesbaden GmbH 2017
W. Schlicht, *Urban Health,* essentials,
DOI 10.1007/978-3-658-18654-8_1

schaften Konzepte entwickeln und realisieren sollten, die es Bewohnerinnen und Bewohnern ermöglichen, lang und gesund zu leben. Gesunde Städte zu gestalten, ist der Kern von **Urban Health.** Fehr (2016) hat dafür **StadtGesundheit** vorgeschlagen.

Gesundheit wurde in der Gründungsversammlung der Weltgesundheitsorganisation (WHO) als vollkommenes körperliches, psychisches und soziales Wohlbefinden definiert. Das Attribut 'vollkommen' beschreibt eine Utopie. Der positive und umfassende Gehalt der WHO-Definition passt zu den Erwartungen der lebenden Zeitgenossen. Sie wollen nicht mehr nur Krankheit vermeiden, sondern ihre Bedürfnisse nach intakten und inspirierenden sozialen Beziehungen, nach einem positiven Selbstwert und nach Selbstbestimmtheit verwirklichen. Das setzt Gesundheit voraus und ist zugleich – werden die Bedürfnisse befriedigt – Essenz von Gesundheit. Menschen erwarten von ihrer städtischen Umwelt nicht mehr nur vier Wände und ein Dach über dem Kopf, eine effiziente Infrastruktur und einen Arbeitsplatz. Der Lebensraum Stadt soll anregend, ein Ort des Wohlbefindens und lebenswert sein, Gesundheit sogar fördern.

Die Argumentation folgt in diesem Text der Beobachtung, dass Umwelt Verhalten, Denken, Fühlen und damit Gesundheit und Wohlbefinden beeinflusst. Umwelt (Stadtgestalt) und Person (biopsychische Verfasstheit) interagieren. Das ist der Analysekern des sozial-ökologischen Paradigmas, das in der Stadtsoziologie der **Chicagoer Schule** gründet (Park und Burgess 1921).

Zum einen kann Umwelt eine Person in ihrem Verhalten behindern und Gesundheit in ihrer somatischen, seelischen, funktionalen und/oder subjektiven Dimension schädigen. Zum anderen kann Umwelt aber positiv stimulieren, präventives Verhalten erleichtern, Gesundheit und Wohlbefinden fördern (Stokols 2003). Die erstgenannte lässt sich als **reaktions-orientierte** (patho-genetische) und die zweitgenannte als **promotions-orientierte** (saluto-genetische) **Perspektive** etikettieren (siehe Abb. 1.1).

Der reaktions-orientierte Blick richtet sich auf Noxen und auf Stress im städtischen Leben: Luftschadstoffe, Lärm, Konkurrenz etc. Der promotionsorientierte Blick richtet sich auf den gesundheitlichen Nutzen von Vegetation, unterstützender Nachbarschaft oder auf Merkmale der gebauten Umwelt, die zur körperlichen Aktivität motivieren.

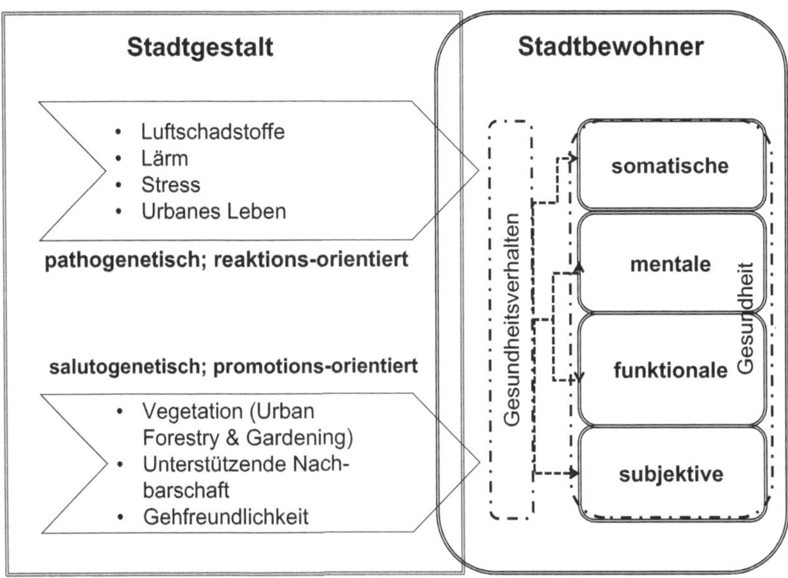

Abb. 1.1 Perspektiven von Urban Health

2.1 Raus aus dem Land – rein in die Stadt

Städte sind von Menschenhand gestaltete Landschaften (WBGU 2016), agglomerierte Einheiten, in denen Menschen, die dort wohnen, arbeiten, sich versorgen und sich erholen, den Raum definieren. Städte weisen einen kompakten Siedlungskörper auf und sind meist funktional-räumlich gegliedert. Die Bevölkerung ist nach Alter, Ethnie, Religion sowie sozio-ökonomisch differenziert. Städte besitzen Bedeutungsüberschuss: Nicht nur die Stadtbewohnerinnen und -bewohner werden mit Gütern und Dienstleistungen versorgt, sondern auch die Bewohnerinnen und Bewohner des Umlands. Die Stadt ist „Innovationsmotor".

Städte entstanden bereits vor fünftausend Jahren im Nahen Osten (Mesopotamien, Ägypten) als Siedlungen, in denen statt bäuerlicher Arbeit, Handwerk und künstlerische Aktivitäten überwogen. Die antiken Städte zählten bereits mehr als 10.000 Einwohnerinnen und Einwohner. Die meisten Menschen lebten aber auf dem Land, verdingten sich auf bäuerlichen Anwesen, nicht selten in Knechtschaft und Leibeigentum. Noch im Jahr 1800 lebten nur 3 % der Weltbevölkerung in der Stadt.

„Treiber" für die Landflucht war die **Industrialisierung** Mitte des 19. Jhds. In England und Wales stieg die Stadtbevölkerung ab 1825 steil an. In Deutschland setzte der Trend etwa 1860 verstärkt ein. 1871 wurde Berlin Hauptstadt des Deutschen Reichs und beherbergte 825.000 Einwohner. 1877 war die Einwohnerzahl bereits auf eine Million und 1897 auf 1,5 Mio. Menschen angewachsen. Um die vielen Menschen unterzubringen, wurden Mietskasernen gebaut, in denen in hunderten Zimmern tausende Menschen lebten.

Der „Meyrische Hof" in Berlin Mitte ist ein prototypisches Beispiel einer Mietskaserne. 2000 Mieter bewohnten 300 Wohnungen, die aus einer Küche

© Springer Fachmedien Wiesbaden GmbH 2017
W. Schlicht, *Urban Health*, essentials,
DOI 10.1007/978-3-658-18654-8_2

(meist dem einzig beheizbaren Raum), einem Wohn-Schlafraum und (manchmal) einer kleinen Kammer bestanden. Sanitäre Anlagen gab es auf der Etage oder im Hof. Betten wurden an „Schlafgänger" untervermietet, die sich nachts, nicht aber tagsüber in den Wohnungen aufhalten durften. Der Umgang miteinander war – durch Überfüllung und Enge – aggressiv. Die Wohnungen waren im Winter kalt und im Sommer heiß. Es war laut und dreckig. Wohnen in der Stadt war Quelle körperlicher und seelischer Erkrankungen.

2.2   So soll sie sein, die Stadt: Planungsleitbilder

Drängen Menschen massenweise zum Leben in die Städte, sind Wohnungsangebot, -ausstattung und Infrastruktur unzureichend, droht Verelendung von Stadtvierteln. Auf die Verwahrlosung der Städte reagierten weitsichtige Zeitgenossen mit konzeptuellen Entwürfen, die ein originäres **Public Health**-Ziel verfolgten. Den Stadtbewohnerinnen und -bewohnern sollte ein gesünderes Leben ermöglicht, die Verelendung in den „armen Stadtvierteln" beendet werden.

Ebenezer Howard entwarf 1898 die „Gartenstadt". Aus Urban Health Perspektive ist an dem Konzept die Betonung von künstlich angelegter Vegetation und kurzen Wegen zu öffentlichen Gebäuden bemerkenswert. Beide gelten auch heute als Merkmale, die mit Gesundheit und Gesundheitsverhalten assoziiert sind. In der Gartenstadt sind Funktionen (Wohnen, Arbeiten, Erholen etc.) konzentrisch im Raum angeordnet und durch Grünstreifen getrennt. Ein gartenähnlich gestalteter Platz im Zentrum beherbergt öffentliche Gebäude, umschlossen von einem Park und einem tiefen Ring mit Wohngebäuden. Außerhalb des Wohnrings befinden sich Arbeitsplätze. Hellerau (Dresden) war die erste und radikalste Verwirklichung der Gartenstadt-Idee in Deutschland.

Dem Leitbild der Gartenstadt folgten – den Zeitgeist spiegelnde – weitere Leitbilder. Die **„aufgelockerte, gegliederte Stadt"**, „Urbanität und Dichte", **„autogerechte"**, „resiliente", „soziale" und „lebenswerte Stadt". Viele Leitbilder blieben als normative Entwürfe in der Idee stecken. Aus Public Health-Sicht ist das Leitbild der „autogerechten Stadt" bedeutsam, da es den Wiederaufbau der europäischen Städte nach dem Zweiten Weltkrieg beeinflusst hat und bis heute nachwirkt.

Die „aufgelockerte und gegliederte Stadt", die mit der „autogerechten Stadt" korrespondierte, wurde zum Leitbild des Wiederaufbaus der Städte nach dem Zweiten Weltkrieg. Gebaut wurde in die Breite. Wohnsiedlungen mit grüner Vegetation entstanden. Arbeiten, Wohnen, Sich-erholen wurden räumlich getrennt. Die Trennung folgte der von Le Corbusier entworfenen „Charta von

Athen". Die Idee der „autogerechten Stadt" veröffentlichte Reichow (1959) im Buch „Die autogerechte Stadt. Ein Weg aus dem Verkehrs-Chaos". Ihm ging es nicht darum, Stadtplanung so auszurichten, dass sich alle anderen Verkehrsträger dem Auto unterordnen. Er wollte vielmehr den sich abzeichnenden Problemen der Massenmotorisierung begegnen. Grüne Siedlungen am Stadtrand sollten entstehen, der Autoverkehr dort eingedämmt und beruhigt werden. In der städtebaulichen Umsetzung blieb von der Idee, die Trennung von Fußwegen und Autostraßen, der Bau mehrspuriger Hauptverkehrsstraßen durch oder als Ring um die Städte, dunkle und oft dreckige Unterführungen für den Fuß- und Radverkehr und Parkhäuser in der Innenstadt. Um Platz für den Autoverkehr zu schaffen, wurde die Bausubstanz der historisch gewachsenen Städte brachial entfernt. Die vertikale, vielfältige Gliederung der Architektur wurde durch horizontale Eintönigkeit ersetzt: Öde Fassaden aus immer gleichem Material, unten Glas und oben identische Fenstereinteilungen. Plätze wurden so gestaltet, dass sie zu den Geschäftszeiten Publikumsströme schnell von Dienstleiter zu Dienstleister lotsen, aber ob ihrer Gesichtslosigkeit nicht zum Verweilen einladen.

Die in der „Charta von Athen" geforderte Zergliederung und Funktionstrennung verursachte wachsende Distanzen: Hier wohnen, da arbeiten, dort sich erholen und an einem anderen Ort Güter für den täglichen Bedarf besorgen. Das Auto hat die Stadt erobert und die anderen Verkehrsträger verdrängt. Das Auto, von fossilen Brennstoffen angetrieben, emittiert Schadstoffe und ist – neben der Industrie und der Verfeuerung von Holz und Kohle – maßgeblicher Treiber von lokalen Umweltproblemen und Quelle von Gesundheitsrisiken. Die gesamte Stadtplanung der zweiten Hälfte des 20. Jhds. wurde am 60 km/h Maßstab ausgerichtet.

Gegen die damit verbundenen städtebaulichen Lösungen und die suburbanen Flächenstädte setzen Vertreter einer „urbanen und dichten" Bauweise die funktionale Durchmischung. Sie propagieren die **„Stadt der kurzen Wege"**, mit geringen Distanzen zwischen Funktionseinheiten. Ein gesundheitlicher Nutzen soll aus der Orientierung am 5 km/h bis 15 km/h Maßstab des Fußgänger- und Radverkehrs entstehen. Das Leitbild will die **„lebenswerte Stadt"** (Hall und Pfeifer 2000).

Urbanität gilt dort als das erstrebenswerte Wesen des Städtischen (Eisinger 2004). Für den Besucher einer Stadt mag sich Urbanität als eine Art Vulgär-Urbanität darin erschöpfen, im öffentlichen Raum Espresso zu trinken und dem geschäftigen Treiben zuschauen zu können. Urbanität ist aber mehr, ist bauliche, soziale und kulturelle Vielfalt und subkulturelle Praxis, Unterscheidung von privatem und öffentlichem Raum, städtische Architektur und schließlich der *genius loci*, die Identität, das Lebensgefühl einer Stadt. In stadtsoziologischen Theorien wie dem **New Urbanism** wird eine Rückbesinnung auf die „gewachsene" europäische Stadt gefordert (Häußermann und Siebel 2000). Als Selbstverpflichtung werden die Absichten in der **Charter for New Urbanism** (http:www.dr-kegler.de/charter.htm) formuliert.

Indikator einer lebenswerten Stadt ist die **urbane Lebensqualität,** ein psychologisches Konstrukt, das die Zufriedenheit mit den Lebensbedingungen (Wohnen, Arbeiten, Transport) und der sozialen Interaktion (Familie, Partnerschaft, Partizipation) bilanziert und Kriterium für seelische Gesundheit ist. Das Leitbild der lebenswerten Stadt ist kein ideales, normatives, sondern unter den je gegebenen Umständen (Lage, Größe, Wirtschaft, Umfeld, kulturelle Eigenart etc.) von den Bürgern einer Stadt auszuhandeln und zu gestalteten. Die Prinzipien sind Partizipation, Mitbestimmung, Bedürfnisbefriedigung. Sie korrespondieren mit der Gesundheitsförderung in **Lebenswelten,** wie sie die Ottawa Charta der WHO propagiert hat.

Public Health – Urban Health

3

3.1 Gesund bleiben: Verhalten oder Verhältnisse ändern?

In den 1960er Jahren lässt sich neben therapeutisch kurativen Bemühungen des Medizinalsystems eine prophylaktische Strategie erkennen, die gesundheitliche Risiken mindern und damit Krankheit zuvorkommen will. Impfkampagnen sollten ansteckende Erkrankungen, wie Pocken oder Poliomyelitis, später Masern oder Keuchhusten, ausmerzen.

Epidemiologische Studien hatten in den 1950er Jahren einen Zusammenhang von typischen Verhaltensweisen (Inaktivität, Rauchen etc.) mit Erkrankungs- und Sterblichkeitsraten gefunden. Morris et al. (1953) verglichen in London Busfahrer mit Fahrkartenkontrolleuren. Sie ermittelten eine höhere kardiovaskuläre Mortalität der sitzend arbeitenden Fahrer. Auf viele weitere Studien folgten Kampagnen, die auf die Vermeidung nicht-ansteckender Erkrankungen zielten. Der **Multiple Risk Factor Intervention Trial** (MRFIT 1982) oder das **Minnesotta Heart Health Program** (Luepker et al. 1994) sind zwei frühe „large-scale Kampagnen", beide mit ernüchternden Ausgängen. Sie veränderten das Gesundheitsverhalten und den Gesundheitsstatus der Beteiligten nur marginal. Der Zuschnitt auf das individuelle Risikoverhalten, auf motivationale oder volitionale Verhaltensdeterminanten hat riskantes Verhalten und folgende Risiken nur mäßig eingedämmt. Trotz aller Kampagnen nimmt beispielsweise die Übergewichts- und Adipositas-Prävalenz in modernen Gesellschaften zu und steigt die Inzidenz des Diabetes Typ 2.

Menschen leben in Umwelten, die Verhalten und Gesundheit beeinflussen:

1. die natürliche Umwelt: Wasser, Luft etc.,
2. die soziale Umwelt: Normen, Werte, soziale Interaktionen etc.,

© Springer Fachmedien Wiesbaden GmbH 2017
W. Schlicht, *Urban Health*, essentials,
DOI 10.1007/978-3-658-18654-8_3

3. die gebaute Umwelt: Verkehr, Wohnen etc.,
4. die technische Umwelt: Fahrzeuge, Maschinen, Computer etc.

Nach dem partiellen Scheitern ausschließlich verhaltensorientierter Initiativen erscheinen verhältnisorientierte Maßnahmen der Prävention und Gesundheitsförderung erfolgversprechender: Rauchverbot in Gaststätten, Gurtpflicht im Auto, Grenzwerte für toxische Stoffe oder ergonomische Vorgaben im Arbeitsschutz etc. Auch Ressourcen können so aufgebaut werden: **Gesunde Städte,** Gesunde Schulen etc. Verhaltensmodifikation fordert eine aktive Beteiligung von Personen ein. Verhältnisorientierte Maßnahmen sind passive, universelle Interventionen, betreffen die gesamte Population oder eine ausgewählte Gruppe und verlangen – vordergründig – vom Individuum keinen motivationalen oder selbstregulatorischen Aufwand. Aber, auch dieser Zugang zur Prävention und Gesundheitsförderung hat blinde Flecken. **Universelle Prävention** läuft Gefahr, soziale Differenzen zu übersehen oder sogar zu verstärken (Böhme und Bunge 2016). Risiko-geminderte und ressourcen-stärkende Umwelten sind nicht allen gesellschaftlichen Gruppen gleichermaßen zugänglich. Stadtquartiere sind unterschiedlich **„envirogenic"** (Stokols 1996). Bereits die Protagonisten der Chicagoer-Schule analysierten den Einfluss unterschiedlicher städtischer Lebensräume und Milieus auf abweichende Handlungen und soziale Deprivation. Abweichendes Verhalten trat in manchen Quartieren („natural areas") gehäuft auf.

3.2 Urban Health/StadtGesundheit: die Anfänge bis heute

Städtebau, so der Stadtplaner Joseph-Herrmann Stübben (1890), sei:
„… eine umfassende, fürsorgliche Tätigkeit für das körperliche und geistige Wohlbefinden der Bürgerschaft; … grundlegende praktische öffentliche Gesundheitspflege …".
Schon 1857 wurde in England der **Public Health Act** erlassen, in dem Bebauung, Kanalisation und Beleuchtung verbindlich geregelt wurden. 1873 gründete sich in Deutschland der **Verein für öffentliche Gesundheitspflege** und gab eine Vierteljahresschrift heraus.1874 kritisierte Gräfin Dohna-Poninska unter einem Pseudonym (Arminius 1874) die herrschenden Wohnverhältnisse.
Bereits im 19. Jhd. waren also Anfänge von **StadtGesundheit** zu erkennen. Geantwortet wurde auf die drängenden Probleme der Wohnungsnot und des Elends in den Großstädten. Auch nach dem Zweiten Weltkrieg befassten sich

Mediziner mit den Risiken des städtischen Wohnens. 1957 erschienen zwei Bände mit dem Titel „Medizin und Städtebau" (Vogler und Kühn 1957). In „Die Unwirtlichkeit der Städte" beklagte Mitscherlich (1965), dass funktional entmischte Städte konstruktives Sozialverhalten behindern. Soziale Verbindlichkeiten könnten in ihnen gar nicht erst entstehen. Stattdessen herrsche der „Dschungelaspekt der Konkurrenzgesellschaft" (S. 37), entwickelten sich destruktive Verhaltensweisen, mache sich Vereinsamung breit. Aktuell sind ähnliche Zuschreibungen in Stichworten zu finden wie dem „broken windows Phänomen" (z. B. Häfele 2013).

Der Anlass, sich mit StadtGesundheit zu befassen, hat sich verändert. Hygiene und Wohnungselend sind auf der Agenda nicht mehr im Vordergrund, auch wenn in Großstädten zunehmend Menschen auf der Straße leben, weil sie die Wohnungsmieten nicht aufbringen können. Heute dominieren Mobilität, Klima, Stadtgrün, Stadtblau (Völker et al. 2012) und Umweltgerechtigkeit etc.

War noch bis zur Mitte des 20. Jahrhunderts der reaktions-orientierte Blick vorherrschend, der Risiken erkennen, schließlich vermeiden oder wenigstens doch minimieren wollte, so wird Stadt(gestalt) und städtisches Leben heute auch aus einer promotions-orientierten Perspektive betrachtet (z. B. Mackiewicz 2016). Dafür ist die **Ottawa-Charta** der WHO die Referenz (http://www.who.int/healthpromotion/conferences/previous/ottawa/en/). Anschließend an diese paradigmatische Wende zu einer sozial-ökologisch fundierten Agenda der Gesundheitsförderung, entstanden Kampagnen und Initiativen: 1987 das Healthy Cities Netzwerk (http://www.euro.who.int/en/health-topics/environment-and-health/urban-health/activities/healthy-cities/who-european-healthy-cities-network), der Schwerpunkt „Urban Health" im WHO Centre for Health Development in Kobe (Japan) (http://www.who.int/kobe_centre/en/) oder das "Knowledge Network on Urban Settings", das 2008 den Bericht "Our cities, our health, our future" (http://www.who.int/social_determinants/resources/knus_final_report_052008.pdf.) herausgab. In Deutschland entwickelte sich das "Gesunde Städte Netzwerk" und bildeten sich Initiativen heraus, um die Kooperation von Planungsdisziplinen (Stadt-, Raum- und Verkehrsplanung), Ökologie und Gesundheitswissenschaften zu befördern (u. a. die Förderlinie „Stadt der Zukunft: Gesunde, nachhaltige Metropolen" der Fritz und Hildegard Berg-Stiftung im Stifterverband für die Deutsche Wissenschaft). Zwischenzeitlich liegen Überblickswerke vor (z. B. Vlahov et al. 2010; Böhme et al. 2012). Auch über Umsetzungen gesundheitsförderlicher Stadtentwicklung wurde berichtet (z. B. Fehr et al. 2016) und Praxis-Handreichungen veröffentlicht (Baumeister et al. 2016).

Das Fachgebiet entwickelt sich dynamisch um vier Themenblöcke (Fehr 2016):

1. Einfluss von **Gestaltmerkmalen** der Stadt (z. B. die Art der Bebauung oder Stadtgrün) auf die Gesundheit der Stadtbevölkerung oder auf ausgewählte, meist vulnerable Gruppen der Bevölkerung (z. B. ältere Menschen),
2. ungleiche Verteilung von sozialen und ethnischen Gruppen über belastete Stadträume **(Umweltgerechtigkeit),**
3. Wirkungen des **Klimawandels** auf die Stadtbevölkerung und
4. Governance, intersektorale Steuerung von politischen Prozessen mit dem Ziel, Gesundheit in allen Politikfeldern zu bedenken und sie zu fördern (**„health in all policies"**).

Der WBGU (2016) hat der **Urbanen Gesundheit** ein eigenes Kapitel gewidmet. Städte sollten nicht nur ihren strukturellen Gesundheitsvorteil (Verfügbarkeit von Gesundheitseinrichtungen, soziale Netzwerke, Arbeits- und Verdienstmöglichkeiten etc.) nutzen, sondern:

„… Ressourcen und Potentiale für ein gesundes Aufwachsen und Leben stärken und gleichzeitig Belastungen und Hindernisse minimieren" (S. 200).

„Urbane Gesundheit" soll entlang der Dimensionen eines normativen Kompass entwickelt werden:

1. Natürliche Lebensgrundlagen erhalten (Klima, Luft, Wasser, Vegetation etc.),
2. soziale Teilhabe aller Bewohner unabhängig von Geschlecht, Herkunft, Religion etc. ermöglichen (Verteilungsgerechtigkeit, Wohnen, Gesundheitsversorgung etc.) und
3. gesundheitsförderliche Eigenarten (Mentalitäten, Einstellungen, Normen, sozio-kulturelle Praktiken etc.) entwickeln.

3.3   Theorie? – Theorie!

Will Urban Health nicht nur Daten sammeln, die mit der Gesundheit der Stadtbevölkerung assoziiert sind, dann braucht das Fachgebiet eine erkenntnistheoretische Orientierung und ein theoretisches Fundament. Meistens geschieht das in Studien ohne explizites Bekenntnis. Ein zentrales Verständnis wurzelt in der Soziologie der Chicagoer Schule. Deren Protagonisten [William Thomas (1863–1947), Robert Park (1864–1944), Ernst Burgess (1886–1966)] übertrugen die Ökologie, die sich mit der Reaktion von Organismen auf ihre Umwelt befasst, auf die Interaktion der Umwelt mit der Person. Der Ansatz firmiert im Deutschen unter **Sozial- oder „Humanökologie".**

Einem zentralen Diktum des sozial-ökologischen Ansatzes folgend, interagiert Umwelt als wahrgenommene und subjektiv gedeutete Umwelt mit den Fähigkeiten, Fertigkeiten und Vorlieben einer Person. Was der eine beispielsweise an gebauter Umwelt als sicher oder anregend erlebt, das mag den anderen verunsichern oder langweilen. Was dem einen heute als unbedeutend erscheint, kann ihn Monate später daran hindern, das Haus zu verlassen.

Für den Erkenntnisgewinn gilt, dass Forschung die künstliche Umgebung des Labors verlassen sollte. Stattdessen ist die reale Umwelt das Setting, in dem Verhalten analysiert und psychophysische Reaktionen – idealer Weise – in Echtzeit registriert werden sollen. Man trachtet nach **ökologischer Validität** über einen quantitativen als auch qualitativen Zugang der Datenerhebung und -analyse. Zentral im methodischen Vorgehen sind Erhebungen, die Sensor-, subjektive und GIS-Daten kombinieren.

Neben der Forderung nach ökologisch validen Methoden ist den Ansätzen die Annahme gemein, dass die ‚Person x Umwelt Interaktion' je nach Entwicklungsstadium der Person und je nach Situation komplex variiert. Lineare, deterministische Vorhersagen des Verhaltens sind unwahrscheinlich.

Für den Erkenntnisgewinn ist erheblich, ob ‚Umwelt' nur als Objekt oder auch als Subjekt zu fassen ist. Latour (2005) vertritt in seiner – mit anderen entwickelten – **Akteur-Netzwerk-Theorie** die Auffassung, dass Dinge (Umwelt) als handelnde Akteure auftreten, die mit menschlichen Akteuren in Handlungszusammenhängen agieren. Ein Bürgersteig wird so zum „Person-Gehweg Aktant". Gehweg und Person sind unabhängige Entitäten, die im Zusammenwirken Reaktionen hervorbringen. Gibson (1979) unterstellt Dingen ein Handlungspotenzial (**„affordances"),** das unabhängig von der Fähigkeit einer Person, dieses Potenzial zu nutzen, existiert. Bandura (1991) spricht von **mechanistical agency,** die in der Umwelt residiert und das Handeln determiniert. **Agency** ist bei ihm aber auch das Potenzial, selbstbestimmt handeln zu wollen, eine zentrale Eigenschaft von Menschen. Die Interaktion von Umwelt und Person nennt er **emergent interactive agency:**

Persons are neither autonomous agents nor simply mechanical conveyers of animating environmental influences. Rather, they make causal contribution to their own motivation and action within a system of triadic reciprocal causation. In this model of reciprocal causation, action, cognitive, affective, and other personal factors, and environmental events all operate as interacting determinants (S. 1175).

Andere sozial-ökologische Konzepte operieren mit systemischen Gedanken, nutzen Zwiebelschalenmodelle oder skalieren Teilsysteme (Exo-, Makro-, Meso-,

Mikro- und Chrono-System; z. B. Bronfenbrenner 1981) oder benennen Umwelten als **Risikoregulatoren** (Glass und McAtee 2006).

In der Abb. 3.1 ist ein Rahmenmodell zur „Person x Umwelt Interaktion" skizziert.

Städte sind gebaute Umwelt, umgeben von natürlicher Umwelt, die die soziale Umwelt (in der Menschen in Nachbarschaften leben) einschließt. Mit den Merkmalen der Stadtgestalt interagieren Menschen mit ihrer biologischen Ausstattung und psychischen Verfassung, die dynamischen Prozessen unterworfen sind. Menschen interpretieren, was sie wahrnehmen. Sie verhalten sich. Umwelt regt sie dazu an oder behindert sie und sie wirken mit ihrem Verhalten auf die Umwelt zurück.

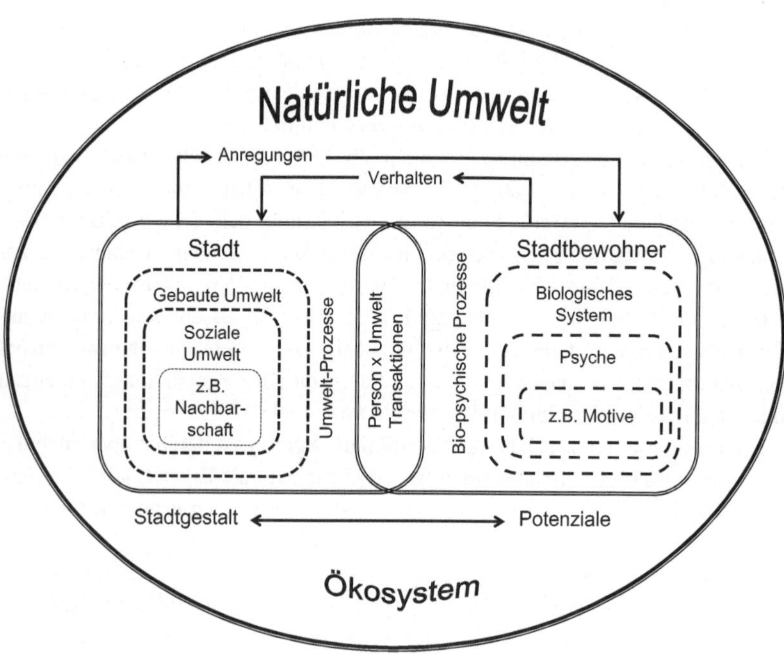

Abb. 3.1 Sozial-ökologisches Modell der Person x Umwelt Interaktion

Stadtgestalt und Gesundheit – ausgewählte Fakten

Aus verschiedenen Disziplinen werden in der wissenschaftlichen Literatur Fakten dargeboten, die den reaktions- und promotionsorientierten Blick auf die Stadt und das städtische Leben schärfen. Im Folgenden werden Schlaglichter referiert. Das Kapitel enthält aber keine systematische Übersicht.

4.1 „Dicke Luft"

Die autogerechte, entmischte und zergliederte Stadt erzeugt Verkehr. Aufgrund der räumlichen Trennung wesentlicher Funktionen sind Menschen genötigt, täglich Wege zurückzulegen. Sie pendeln von der Wohnung zur Arbeit, zum Einkaufen, zu anderen Dienstleistungseinrichtungen (Ärzten, Apotheken etc.) und machen sich am Wochenende auf den Weg ins Grüne, um sich vom Alltagsstress zu erholen. Sie nutzen für mehr als die Hälfte aller Wege ein Auto oder ein motorisiertes Zweirad (deStatis 2016). Dem bundesweiten Mobilitätspanel des ‚Karlsruhe Institut für Technologie' 2013 zufolge werden 22 % aller Wege zu Fuß, 13 % mit dem Fahrrad, 52 % als Fahrende oder Mitfahrende und 13 % mit dem Öffentlichen Personenverkehr (ÖV) bewältigt. Ein gutes Fünftel der Wege dient dazu, Besorgungen zu machen.

Motorisierter Verkehr erzeugt Schwefeldioxid (SO_2), Kohlenmonoxid (CO), Stickoxide (NO und NO_2), Ozon (O_3) und Feinstaub verschiedener Partikelgröße (PM_{10}, $PM_{2,5}$, PM_1). Feinstaub erzeugen Fahrzeuge, unabhängig von der Antriebsart, auch durch Abrieb von Reifen und Bremsbelägen, Wellen und Getrieben und Straßenstaub, den sie aufwirbeln. Auch Industrieanlagen, Holzöfen und die Landwirtschaft (Feinstaub und Ammoniak) tragen Schadstoffe in die Luft ein. Die Europäische Union hat Grenzwerte für gesundheitsschädliche Noxen

© Springer Fachmedien Wiesbaden GmbH 2017
W. Schlicht, *Urban Health*, essentials,
DOI 10.1007/978-3-658-18654-8_4

definiert, die in vielen europäischen Städten immer wieder überschritten werden. „Schlechte Luft" behindert das Atmen, verstärkt die Symptome von Asthmatikern und COPD-Patienten, begünstigt neben Lungenkrebs auch Schlaganfälle, Herzinfarkte (z. B. Cai et al. 2016; Cessaroni et al. 2014) und Demenz. Auch Lärm erhöht die Wahrscheinlichkeit für kardiovaskuläre Erkrankungen (Münzel et al. 2014). Luftschadstoffe und Lärm treten in der Stadt meist gemeinsam auf (Foratster 2013).

In Deutschland erleiden jährlich 196.000 Menschen erstmalig und 66.000 Menschen zum wiederholten Male einen Schlaganfall. Pro Jahr versterben gut 65.000 Menschen an den Folgen der Apoplexie (Heuschmann et al. 2010). Damit ist der Schlaganfall nach der Herzerkrankung und dem Krebs die dritthäufigste Todesursache. Die **„Global Burden of Disease Studie",** eine Beobachtungsstudie die Daten seit 1990 zur Sterblichkeit, zu Erkrankungen und zu deren Ursachen (Risiken) zusammenträgt, listet 17 Faktoren, die – könnte man sie beseitigen – den Schlaganfall verhinderten („population attributable risk fraction"). Bereits an dritter Stelle steht die Luftverschmutzung (Feigin et al. 2016). Ursächlich für einen Schlaganfall infolge erhöhter Schadstoffbelastung könnten sein: Endotheliale Dysfunktion, zelluläre Entzündungsprozesse, Vasokonstriktion, Blutdruckanstieg, Thrombosen und Vorhof-Arhythmie.

Auf der Grundlage einer Meta-Analyse mit 94 Studien aus 28 Ländern, die insgesamt 6,2 Mio. Ereignisse berichteten, fassen Shah et al. (2015) die Fakten zusammen: Das relative Risiko (RR), am Tag der höchsten Schadstoffexposition einen Schlaganfall zu erleiden, stieg statistisch bedeutsam mit jeder Zunahme von CO in der Luft um 1 ppm um 1,5 %, von SO_2 um 10 ppb um 1,9 % und von NO um 10 ppb um 1,4 %. Feinstäube ($PM_{2.5}$ und PM_{10}) erhöhten das RR bei einem Anstieg um 10 µg um 1,1 respektive 0,3 % und O_3 bei einer Erhöhung um 10 ppb um 0,1 %. Das Risiko war auch noch Tage nach der Exposition erhöht.

Luftschadstoff macht bereits krank, bevor es zu einem Schlaganfall oder Herzinfarkt kommt. Wallwork et al. (2016) zeigten, dass 75 Jahre alte und ältere Männer ein metabolisches Syndrom riskierten, wenn sie in einer Region mit Sommersmog lebten. Eine Zunahme des Jahresmittels der $PM_{2.5}$-Konzentration um 1 µg/m^3 war mit einem 27 % höheren Risiko assoziiert, ein metabolisches Syndrom auszubilden. Auch wenn die Feinstaubbelastung weniger als 12 µg/m^3 – der Wert, den die US-amerikanische Umweltbehörde als „gesundheitsschädlich" einstuft – erreichte, stieg das Risiko. Die Erhöhung der durchschnittlichen Jahres-Lufttemperatur um 1° C war mit einem 33 % höheren Risiko eines gestörten Glukosestoffwechsel assoziiert.

Luftschadstoffe befördern auch demenzielle Erkrankungen und psychische Störungen. Power et al. (2015) berichten über Befunde aus der „Nurses' Health Study", die in den USA über 70.000 Frauen aus medizinisch versorgenden, pflegenden Berufen seit 1976 wiederholt untersucht hat. Zum Zeitpunkt der Studie waren die Frauen 57 bis 85 Jahre alt. 15 % von ihnen litten unter klinisch manifesten Angststörungen (Phobien). Die Autorengruppe wollte wissen, ob phobische Störungen wahrscheinlicher werden, wenn die Frauen 15 Jahre bis einen Monat vor der Angstmessung einer erhöhten Feinstaubbelastung ausgesetzt waren. Tatsächlich stieg das Risiko unter Angst zu leiden statistisch signifikant mit jeder Zunahme von $PM_{2,5}$ um 10 µg/m^3 um 12 % bei einer Exposition einen Monat vor der Angstmessung und um 15 % bei einem Jahr vor der Angstmessung. Feinstäube größerer Partikeldurchmesser ($PM_{>2,5-10}$) waren mit den Angstwerten nicht korreliert.

Je älter Menschen werden, desto eher sind sie von Alzheimer- oder vaskulärer Demenz bedroht. Zwar werden in zukünftigen Geburtskohorten weniger Personen erkranken als in Vorgängerkohorten (Christensen et al. 2013). Die Zahl der Demenzkranken wird dennoch steigen, weil die Geburtskohorten, die das höhere Lebensalter erreichen, mehr Personen umfassen. Demenz hat als Ursache auch die Belastung mit Luftschadstoffen. In einer prospektiven Studie haben Cheng et al. (2017) an 55 bis 85 Jahre alten Personen gezeigt, dass die Wahrscheinlichkeit, demenziell zu erkranken stieg, wenn sich die Wohnung in einer Großstadt und nahe an einer verkehrsreichen Straße befand. Weniger als 50 m von der Straße entfernt und das Risiko stieg statistisch bedeutsam um 6 %. Die durchschnittliche Luftbelastung mit Feinstaub ($PM_{2,5}$) betrug fünf Jahre vor Beginn der Studie 9,7 µg/m^3 und für Stickstoffdioxid (NO_2) 15,4 ppb. Damit waren beide Immissionswerte deutlich von den Risiko-Grenzwerten entfernt. Je länger eine Person Luftschadstoffen ausgesetzt war, desto höher war ihr Risiko demenziell zu erkranken.

Vulnerabel gegenüber den krankmachenden Einflüssen der Luftschadstoffe sind vor allem Kinder und ältere Menschen. Die Empfehlung, hier und da ausgesprochen, sie mögen während der höchsten Schadstoffbelastungen das Haus nicht verlassen, bedingt neue gesundheitliche Risiken. Man triebe, folgte man der Empfehlung, den Teufel mit dem Beelzebub aus. Stuttgart zählt zu den am stärksten luftschadstoffbelasteten europäischen Städten. Der Grenzwert für Feinstaubpartikel PM_{10} war dort in 2016 an mehr als 60 Tagen überschritten. Der (erzwungene) Rückzug in die eigenen vier Wände bedeutete eine reduzierte körperliche Alltagsaktivität. Diese aber ist sowohl für das gesunde Aufwachsen als auch für den Erhalt der Selbstständigkeit im Alter ein maßgeblich präventives Verhalten, das auf diese Weise substanziell eingeschränkt würde.

4.2   „Bitte, mal leise"

Traktoren, Mähdrescher und andere Maschinen, mit denen Felder bestellt und Ernten eingebracht werden, Rasenmäher und Häcksler, bestimmen den Sound des Landlebens. Sie sind laut, manchmal schmerzhaft laut. Aber, sie verstummen am Abend, an Sonn- und an Feiertagen. Der Sound der Stadt ist anders. Der anhaltende Pegel aus Auto- und Fabriklärm oder lärmenden Menschenansammlungen ebbt in der Nacht und an Sonn- und Feiertagen etwas ab, verstummt aber nie. Daher noch ein kurzer Blick auf den Stadtlärm.

Die einfache Annahme, dass Lärm Gesundheit schädigt, trifft nicht zu. Wenn Menschen am Wochenende das Stadion für ein Spiel der Fußballbundesliga besuchen oder ein Rockkonzert von AC/DC aufsuchen, dann empfinden sie die Musik oder das Jubelgeschrei nicht als störend, obgleich die Lautstärke ihr Hörvermögen bedroht. Im Gegenteil finden sie das Geschehen anregend und wären enttäuscht, wären die Zuschauer im Stadion leise und spielte AC/DC ihre Musik pianissimo statt forte.

Aus der Perspektive von StadtGesundheit interessiert **störender Lärm,** der die Konzentration beeinträchtigt, den Schlaf raubt oder aufgrund seiner Höhe und Frequenz als unangenehm empfunden wird. Das menschliche Gehör ist immer auf Empfang; Menschen sind dem Lärm daher ausgesetzt. Wird er störend empfunden, dann bedingt er Leistungsverluste, fördert aggressives Verhalten, stört den Schlaf, beeinträchtigt die kardiovaskuläre und mentale Gesundheit und die fetale Entwicklung (WHO 2011). Die WHO schätzt den Anteil an gesunden Lebensjahren, die durch lärmbedingte Erkrankungen oder vorzeitigem Versterben verloren gehen (**Disablity Adjusted Life Years:** DALYs) auf über eine Million: 61.000 Jahre wegen ischämischer Herzerkrankungen, 45.000 Jahre wegen kognitiver Einschränkungen bei Kindern und Jugendlichen, 903.000 Jahre wegen Schlafstörungen, 22.000 Jahre wegen Tinnitus und 654.000 Jahre wegen Lärmbelästigung.

Störender Lärm schädigt Herz und Kreislauf von Kindern und Jugendlichen und auch das von Erwachsenen bei einem Schalldruckpegel (L_p) oberhalb von 70 dB (Babisch 2000). Mit Verweis auf die Studie „Large-Analysis and Review of European housing and health Status (LARES)" (in Deutschland war Bonn der Untersuchungsraum) halten Niemann et al. (2006) fest, dass Erwachsene, die sich chronisch von Lärm geplagt fühlen, die diesen als stressend empfinden, kardiovaskulär und depressiv zu erkranken drohen. Sie leiden unter Migräne, arthritischen Beschwerden (vor allem Ältere) und Bronchitis (vor allem Kinder). Ursächlich sind vermutlich neurologische und psycho-somatische Stressreaktionen.

4.3   „Da geh ich keinen Meter zu Fuß"

Körperliche Aktivität – von niedrig intensiver Alltagsaktivität bis zum intensiven Sporttreiben – wirkt als Ressource, mindert Krankheitsrisiken, hält gesund und steigert das Wohlbefinden. Welche Merkmale der Stadtgestalt es den Bewohnern erleichtern, im Alltag und in der Freizeit aktiv zu sein, treibt seit gut zehn Jahren die Gesundheits- und Sportforschung um.

Stadtgestalt ist ein summarisches Konstrukt aus: Einwohnerdichte, Landnutzung, Verfügbarkeit und Lage von Freizeit- und Dienstleistungseinrichtungen, Verkehr, Infrastruktur, baulichem Erscheinungsbild, Funktionsdurch- oder -entmischung von Flächen und Gebäuden, Nutzung von und Zugang zu Freiräumen (Baumeister et al. 2016).

In New York – inzwischen aber auch in europäischen Metropolen – werden Straßen und Plätze zeitlich befristet für den motorisierten Verkehr gesperrt (Wolf et al. 2015). Dort wurden 11 Straßenkilometer an mehreren Samstagen im Jahr für den Autoverkehr gesperrt. Etwa 50.000 Menschen begegneten sich auf der Straße, um zu flanieren, Rad oder Rollerskates zu fahren oder zu tanzen. Sie legten als Jogger im Durchschnitt 7 km, als Radfahrer knapp 11 km und als Spaziergänger 5,7 km zurück. Ein Viertel der Nutzer gab an, sich ansonsten nie körperlich in moderater bis hoher Intensität zu betätigen. Diese Personen waren während der Aktion bis zu 68 min lang aktiv. Ob die spontane Aktivität eine dauerhafte Bindung an ein höheres Aktivitätsvolumen bedingt hat, konnte nicht ermittelt werden. Die Sperrung bot aber offenbar eine Chance, habituell inaktive Personen zu aktivieren.

Ward Thompson et al. (2014) befragten ältere Bewohner, von denen die einen in einem Straßenzug lebten, in dem Umbaumaßnahmen stattgefunden hatten (z. B. Straßenbäume, Parkbuchten, Rückbau). In anderen Straßenzügen war alles beim Alten geblieben. Die Bewohner der umgebauten Straßen hielten sich länger außer Haus auf. Sie schätzten die „Gehfreundlichkeit" und (nächtliche) Sicherheit ihres Straßenzugs höher ein. Keine statistisch bedeutsamen Differenzen fanden die Autorinnen für die Lebensqualität oder die subjektive Gesundheit. Aber, es gab auch negative Wirkungen. Wurde das Parken der Autos vor den eigenen Wohnungen begrenzt oder gar verhindert, dann reduzierte sich das Aktivitätsvolumen der älteren Menschen. Der Umbau einer gebauten Umwelt alleine reicht nicht aus, um ein gesundheitlich erwünschtes Verhalten zu motivieren. Benötigt wird eine systemische, multidisziplinäre Vorgehensweise, die Stadtplanungsaspekte und Umweltdesign mit Public Health-Initiativen verbindet (Corbun et al. 2014) und etwa an die WHO-Kampagne zu **Health in all Policies** anschließt (http://www.who.int/healthpromotion/conferences/previous/adelaide).

Eine **aktivitätsfördernde Stadtgestalt** lässt sich trotz einiger Indizien zum heutigen Zeitpunkt nicht eindeutig benennen. Ewing und Handy (z. B. 2009) haben fünf aktivitätsfördernde qualitative Merkmale identifiziert: imageability (bildreich), enclosure (visueller Eindruck eines umfassten Raums), human scale (visuell erfassbare Höhen und Distanzen wichtiger Gebäude/Ziele), transparency (Bäume, die wie ein Schutzdach wirken, die Sicht aber nicht einschränken) und complexity (Zahl und Dichte von Informationen aus der Umwelt).

Als aktivitätsbeeinflussend auf ältere Menschen wirken Luftschadstoff, Straßenbeleuchtung, Verkehrsbelastung, Zugänglichkeit und Verfügbarkeit von Dienstleistungseinrichtungen, Gehwege, Sicherheitsaspekte, Vegetation, Verwahrlosung des und die Vertrautheit mit dem Quartier (Annear et al. 2014), die Nähe zu Geschäften, in denen sich Besorgungen des täglichen Bedarfs erledigen lassen, die Konnektivität von Wegen (Rosso et al. 2011) und die subjektive Einschätzung, vor Verkehrsunfällen und Kriminalität geschützt zu sein (z. B. Yen et al. 2014). Auch die Ästhetik der gebauten Umgebung (z. B. Moran et al. 2014) wirkt aktivitätsförderlich. Historische Gebäude, gepflegte Straßenansichten, Statuen, herausragende Architektur und Variationen von Fassaden werden als angenehm empfunden und motivieren zum Gehen. Kelly (2012) oder NICE (2007) listen Gestaltmerkmale, die zu mehr Aktivität motivieren sollen, ebenso werden auf http://www.healthyactivebydesign.com.au und https://www.nice.org.uk/guidance/ph8 aktivitätsfördernde Eigenschaften für Schulen, öffentliche Plätze, öffentliche Einrichtungen, das Stadtzentrum und Quartiere benannt.

Der **walkability-Index** soll die wesentlichen aktivitäts-beeinflussenden Merkmale eines städtischen Quartiers repräsentieren (Bucksch und Schneider 2014). Eine alternative Berechnung liefert der **walkScore®** (Duncan et al. 2011). Der **walkability-Index** ist ein relatives Maß (höher respektive niedriger als ein Referenzareal). Frank et al. (2010) haben städtische Merkmale, für die sich in epidemiologischen Studien Korrelationen zur Aktivität finden ließen, zu einem Index verrechnet: Anzahl der Straßenkreuzungen in einer definierten Fläche (**Konnektivität**), Grad an verschiedenen Flächennutzungen (**Shannon's Entropie-Index**),

Quotient an Verkaufs- und Grundstücksfläche **(Geschossflächenzahl),** Zahl der Einwohner pro Flächennutzungsareal **(Dichte).** Neben der objektiven Bestimmung der walkability existiert mit der **Neighbourhood Environment Walkability Scale** (NEWS) ein Instrument, mit dem Bewohner die Gehfreundlichkeit ihres Quartiers subjektiv beurteilen können (Rottman und Mielck 2013).

In einer Studie haben Reyer et al. (2014) den walkability-Index als auch den WalkScore® eingesetzt. Während einer Woche wurden mit einem Wegetagebuch die Zeit für die zurückgelegten Wege und die Länge der Wege, die Bewohner zu Transportzwecken (z. B. einkaufen) unternommen hatten, dokumentiert. Die statistischen Analysen der Daten von 1871 erwachsenen Personen belegten eine systematische, aber im Effekt geringe Assoziation des walkability-Index und des WalkScore® mit der Transportaktivität. Der Index erklärte 0,6 % und der WalkScore® 1,9 % der Wegelänge und 0,7 respektive 2,3 % der Wegeanzahl. Mit jeder Änderung des Index um eine Maßeinheit wuchs die Gehdistanz um 91 m. Die Gehzeit nahm um knapp eine Minute zu. Das ist nicht viel, für die StadtGesundheit ist es aber auch nicht zu vernachlässigen, denn jede zusätzliche Gehstrecke und längere Gehdauer senkt das Risiko kardio-metabolischer Erkrankungen.

Viele der vorliegenden Studienergebnisse zur Gehfreundlichkeit von Quartieren erlauben keine kausalen Schlussfolgerungen, weil sie walkability und körperliche Aktivität zum gleichen Messzeitpunkt erheben. Aus allem, was die Literatur derzeit zur walkability berichtet, erscheint es nicht gerechtfertigt, in die teils euphorischen Lobpreisungen einzustimmen, die im walkability-Index oder walkScore® die Messlatte sehen, an der sich „gesunde Stadtgestalt" ausrichten ließe.

4.4 „Riechst Du das Laub – hörst Du die Vögel zwitschern?"

In einer Computer-Simulationsstudie haben Kahlert und Schlicht (2015) Männer und Frauen (im Mittel 71,1 Jahre alt) gebeten, sich zwei Varianten eines Straßenzuges anzuschauen und – unter Nutzung von „Walkabout3d software and movie-capture tool Dxtory" – virtuell zu begehen. In der einen Variante parkten Autos unmittelbar am Gehsteig, in der anderen war der Gehsteig von Straßenbäumen begrenzt und Autos parkten in Buchten. Die „Straßenbaum-Variante" wurde, statistisch bedeutsam, als „gehfreundlicher" und „sicherer" beurteilt.

In der Arbeit deutet sich an, dass Stadtgrün einen förderlichen Einfluss auf die Gesundheit und das Wohlbefinden haben könnte. Um das nachzuvollziehen, muss man das städtische Umfeld gedanklich kurz verlassen. Eine klassische Studie stammt von Ulrich (1984). Er teilte Patienten, die sich einer Gallenblasen-Operation unterzogen hatten, in zwei statistisch parallele Gruppen ein. Die Mitglieder der einen Gruppe konnten aus ihren Krankenbetten auf Bäume und Büsche schauen; die Mitglieder der anderen Gruppe schauten auf eine Backsteinmauer. In beiden Gruppen wurden die Patienten identisch postoperativ nachversorgt. Die Patienten der „grünen Gruppe" waren während des Genesungsverlaufs optimistischer und fröhlicher gestimmt und wurden einen Tag eher als jene, die auf die Backsteinmauer blickten, entlassen.

Arbeiten, die in der Umweltpsychologie unter dem Stichwort **„restorative environment"** firmieren, belegen den günstigen Effekt von natürlich gewachsener grüner Vegetation auf die körperliche Gesundheit und das Wohlbefinden (z. B. Hartig et al. 2014) oder auf depressive Verstimmtheit (Berman et al. 2012).

Drei Erklärungsansätze sollen in ihrem Kern kurz benannt werden. Die **„Stress-Recovery Theory"** unterstellt einen evolutionären Mechanismus, der eine affektive, stressreduzierende Erholung bedingt (Ulrich 1993). Unseren Vorfahren – so die Annahme – ermöglichte Bewuchs in offenen Savannenlandschaften, sich mit Nahrung zu versorgen oder sich vor Witterung und wilden Tieren zu schützen. Daraus entstand ein evolutionärer biologischer Mechanismus, auf Landschaften spontan mit positiven Gefühlen zu reagieren. Joye und van den Berg (2011) schlagen in ihrem **„perceptual fluency account"** einen Prozess der visuellen Wahrnehmung und Verarbeitung von natürlichen Stimuli vor. Die typische fraktale Beschaffenheit der natürlichen Umwelt (stetige Wiederholung von ähnlichen oder gleichen Mustern) erleichtert demnach die Verarbeitung visueller Eindrücke. Sie „spart" ermüdend wirkenden und Impulskontrolle erschwerenden kognitiven Aufwand (ego depletion). Die **„attention restoration theory"** von Kaplan (1995) unterstellt einen den Alltag dominierenden, langsam ablaufenden kognitiven Prozess, der „gerichtete Aufmerksamkeit" (auf einen Sachverhalt, der kein intrinsisches Interesse bindet) nach einiger Zeit mental ermüdet (directed attentional fatigue). Natürliche Umgebung wirkt kompensierend, wenn sie fasziniert, alltägliche Probleme und Sachverhalte (daily hassles) vergessen lässt und „weit" (extent) ist. Eine „weite" Landschaft zeigt sich als eine „Welt" im Kleinen. Sie bindet „ungerichtete Aufmerksamkeit", weil in ihr immer etwas geschieht und sie vermittelt das Gefühl, mit der Landschaft verbunden zu sein. Die Wirkungen sind umso intensiver, je stärker individuelle Vorlieben und Umwelt zueinander passen (Capaldi et al. 2014). Physiologische und immunologische Mechanismen taugen ebenfalls, um den Erholungseffekt von Vegetation zu erklären (Haluza et al. 2014).

Nicht nur Wald und offene Landschaft, auch Stadtgrün wirkt positiv. Kardan et al. (2015) verglichen Stadtquartiere. Zehn Bäume mehr im Quartier und die subjektive Gesundheit stieg auf ein Niveau, als wären die Bewohnerinnen und Bewohner sieben Jahre jünger. Elf Bäume mehr und die kardiovaskuläre Gesundheit profitierte so, als wären die Bewohnerinnen und Bewohner 1,4 Jahre jünger. Brown et al. (2016) finden in Quartieren mit überdurchschnittlicher Vegetation (1 Standardabweichung vom Mittelwert) weniger chronische Krankheiten und eine um drei Jahre höhere Lebenserwartung.

Alcock et al. (2014) veröffentlichten eine der wenigen Längsschnittstudien zum Thema. An einer Stichprobe von über 1000 Personen des „British Household Panel Surveys", die während des zweiten und dritten Jahres des Surveys an einen anderen Ort umzogen, konnten sie nachweisen, dass jene, die an einen Ort mit üppiger Vegetation gezogen waren, ihre mentale Gesundheit in den drei Folgejahren signifikant verbesserten. Diejenigen, deren Quartier nach dem Umzug weniger Grün aufwies, verschlechterten ihre mentale Gesundheit im Jahr nach dem Umzug. Sie kehrten aber wieder zu den Baseline-Werten zurück. Adaptation an widrige Umstände ist in der Wohlbefindens-Forschung häufig beschrieben worden: **Invarianz-Paradox des Wohlbefindens.**

Dosis-Wirkungsbeziehungen zu ermitteln, ist methodisch herausfordernd. Die Häufigkeit und die Dauer der Exposition, die Qualität und die Quantität der Vegetation und schließlich die Interaktion zwischen beiden bedingen vermutlich unterschiedliche Effekte. In einer Arbeit von Cox et al. (2017) an mehr als 1000 Erwachsenen zeigte sich, dass unterschiedliche Schwellenwerte von Überdeckungen eines Raums mit Vegetation Angst-, Depressions- und Stresssymptome minderten: Für Depression und Stress 1/5 und für Angst nahezu 1/3 des Raums. Vor allem das nachmittägliche Konzert von Singvögeln minderte Depression, Angst und Stress.

Stadtgrün ist eine gesundheitliche Ressource. Der Report der WHO (2016) referiert aber auch potenziell negative Einflüsse des Stadtgrüns auf die Gesundheit: Pollenflug und allergische Reaktionen, Pestizideintrag durch Düngungen und Schädlingsbekämpfung, Borreliose und Frühsommer-Meningo-Enzephalitis durch Zeckenbiss.

4.5 Nachbarschaft: Meist nervt sie, aber stützt sie auch?

In der sozialwissenschaftlichen Theoriebildung wird von verschiedenen Autoren die Bedeutung der sozialen Unterstützung und Bindung, des gegenseitigen Vertrauens und des sozialen Austauschs für die Entwicklung des Individuums und der Gesellschaft betont. Bourdieu (1982) oder Putnam (1995) sprachen vom

„**sozialen Kapital**". Soziales Kapital wird in der Sozialpsychologie als **Soziale Unterstützung** und dort – unter anderem für die hier interessierende Sicht – mit Bezug zur Umwelt als **Netzwerkressource** behandelt, die vor stressinduzierten negativen Auswirkungen schützen soll (für einen Überblick Laireiter 2006).

Mit den sozialen Einflüssen, die von Nachbarschaft ausgehen, verlässt man die Analyse der physikalischen Beschaffenheit der gebauten Umwelt und der Ausstattung des Quartiers. Man wendet sich – wie bei der ästhetischen Stadtgestalt – qualitativen Merkmalen zu. Sozialer Status, sozialer Austausch, Unterstützungsleistungen, Place Attachment, Verwahrlosung sind interpretationsbedürftige Konstrukte. Interpretationsbedürftig ist bereits, wann Nachbarschaft endet. Verwaltungsgrenzen (z. B. Stadtbezirke), Zensus-Daten (USA), Radien um den Wohnort einer Person oder subjektive Zuschreibungen werden zur Definition herangezogen. Entsprechend groß ist die Variation der Zahl an Nachbarn. Sie reicht von zehn bis über 1000 Personen. Mit Verweis auf Schnur (2012) lässt sich festhalten, dass die räumliche Nähe oder Distanz letztlich nicht maßgebend ist, sondern die (soziale) Nähe entscheidet, wie Nachbarn sich begegnen. Beschrieben werden Nachbarschaften sozio-ökonomisch (Einkommen, Bildungsstatus, Arbeitslosigkeit u. a.), (in den USA auch) nach ethnischen (kaukasisch, afro-amerikanisch, mexikanisch etc.), nach demografischen (Alter, Geschlecht) und nach Merkmalen der Verwahrlosung (Müll, Graffiti, Zugang zu öffentlichen Einrichtungen). Auch eine Reihe von sozialen Merkmalen wie Kohäsion, Identifikation oder Zugehörigkeit zur Nachbarschaft werden als potenzielle, mit Gesundheit assoziierte Variablen ermittelt.

Auf der Ebene von Akteurs-Interaktionen behauptet das **social causation model,** dass soziale Beziehungen der Gesundheit zu- oder abträglich sein können. Soziale Netzwerke können sozial unterstützen (materiell, institutionell, emotional). Eine intakte Nachbarschaft, zu der sich die einzelnen Bewohner zugehörig fühlen, kann als ein unterstützendes Netzwerk wirken. Schon das Wissen, dass Nachbarn in der Not zur Seite stünden, stabilisiert die seelische Verfassung. Umgekehrt beeinträchtigen Zurückweisung und Ausgrenzung die Gesundheit. Soziale Netzwerke, soziale Integration und soziale Unterstützung beeinflussen das Morbiditäts- und Mortalitätsrisiko direkt und indirekt über das Gesundheitsverhalten (Schwarzer und Leppin 1997).

Die **soziale Qualität der Nachbarschaft** wird in der Forschung zu Urban Health (aber noch) selten thematisiert und wenn, dann meistens in Querschnittsanalysen und in ihrer Wirkung auf die Gesundheit älterer Menschen, weil – wie gerontologische Arbeiten zeigen (Oswald et al. 2011) – ältere Menschen mit zunehmendem Alter eingeschränkt mobil werden und die Nachbarschaft damit bedeutender wird. In einer Übersichtsarbeit resümieren Yen et al. (2009), dass mehr alte Menschen in der Nachbarschaft der mentalen Gesundheit der dort lebenden alten Menschen nutzen. Eine sozial- und/oder materiell deprivierte Nachbarschaft führt bei älteren Menschen dagegen zu Einbußen in der funktionalen Gesundheit. Gibt es Gewalt, Verwahrlosung oder mangelnde Versorgung in der Nachbarschaft, dann beurteilen die Bewohner ihre subjektive Gesundheit schlechter. Diez Roux und Mair (2010) bewerten ihre Review-Daten zurückhaltend. Am ehesten scheint der Zusammenhang von sozialen Merkmalen der Nachbarschaft mit der mentalen oder seelischen Gesundheit und hier vor allem mit depressiven Symptomen belegt. Die Autoren kritisieren, wie auch Jokela (2014), das methodische Vorgehen in der Datenerhebung und -analyse der überwiegenden Querschnittsstudien. Die Effekte könnten sich nämlich, bei einer längsschnittlichen Analyse, als Selektionseinflüsse erweisen: Menschen mit chronisch (ver-) schlechter(t)er Gesundheit büßen oft materielle Ressourcen ein, unter anderem, weil sie arbeitslos werden. In der Folge ziehen sie in Quartiere mit mangelnder Infrastruktur. Dort können sie sich die Mietpreise leisten und treffen auf Menschen mit ähnlich schlechten Chancen wie sie selbst.

Ein Fazit zur „fördernden" oder „überfordernden Nachbarschaft" findet sich in einem Bericht der Bundeszentrale für gesundheitliche Aufklärung (BZgA 2009, S. 64):

In überfordernden Nachbarschaften verstärken sich Ausgrenzungsprozesse wechselseitig (…). Gelingt es (…), die Kraft des sozialen Zusammenhalts (…) zu erhöhen, können fördernde Nachbarschaften (…) entstehen.

4.6 Da wird man ja depressiv oder gar wahnsinnig

Weltweit sind Stadtpopulationen, gemessen an der Lebenserwartung und der Mortalität, gesünder als die Landbevölkerung. Unterschiede gibt es zwischen Stadt und Land in der medizinischen Versorgung, die in der Stadt in der Regel deutlich besser ist, als im ländlichen Raum und sich vor allem auswirken kann, wenn lebensbedrohliche Ereignisse eine schnelle, intensivmedizinische Versorgung erfordern (Dye 2008).

Unterschiede zwischen Stadt und Land gibt es auch, wenn man die mentale oder seelische Gesundheit der Stadt- und Landbewohner vergleicht. Hier sind die Stadtbewohnerinnen und -bewohner im Nachteil. Sie sind mit einer komplexen Gemengelage an Stressoren konfrontiert (physikalische und soziale). Schon im 19. Jhd. galt die These, dass „die Stadt" psychisch krank macht, weil ihre Bewohner die Reizüberflutung nicht bewältigen können. Sie – so die These – werden zunächst nervös und dann neurasthenisch (Radkau 1998). Alexander Mitscherlich hatte in seinem Werk zur „Unwirtlichkeit der Städte" konstatiert, dass gebaute Umwelt (von ihm „harte Materie" genannt) als „Prägestock" des Verhaltens wirkt. Menschen sind gezwungen sich anzupassen und ändern ihr Wesen.

Städtische Populationen weisen höhere Prävalenzen von Angststörungen, Depression (Peen et al. 2010) und Schizophrenie (Lederbogen und Meyer-Lindenberg 2015) als im ländlichen Raum auf. Auch die Suizidrate ist in städtischen Populationen höher als auf dem Land (Haubl 2013), variiert aber beträchtlich zwischen Städten diverser Größe und wirtschaftlicher Ausstattung.

Die Ursachen für das erhöhte Erkrankungsrisiko, das vor allem auf das Aufwachsen von Kindern und Jugendlichen im städtischen Umfeld zurückgeht und offenbar „dosis-abhängig ist" – denn verlässt eine Person den städtischen Raum, sinkt ihr Risiko – sind vielfältig und bis heute nicht eindeutig geklärt. Die Arbeitsgruppe um Meyer-Lindenberg macht vor allem soziale **Stressoren** verantwortlich: Isolation, sozialer Abstieg, Marginalisierung (Haddad und Meyer-Lindenberg 2012). Soziale Stressoren haben ihre Quelle im Arbeitsmarkt, in der ökonomischen Ausstattung, in politisch-administrativen Verordnungen und Regeln, in religiösen Normen, kulturellen Praktiken und in vielem mehr. Aus allen Quellen kann Gesundheit gestützt, aber auch gefährdet werden.

Erklärungsmuster auf der gesellschaftlichen Ebene stammen bereits aus der Chicago School of Sociology. Dort wurde **„soziale Desorganisation"** als Ursache für Delinquenz angesehen. Normabweichendes Verhalten erzeugt habituellen Stress, der auf Dauer der Gesundheit schadet. Die Theorie ist eine **Raumtheorie,** die unterstellt, dass Kriminalität und normabweichendes Verhalten in bestimmten Stadtgebieten als Ergebnis von Arbeitslosigkeit und materiellem Verfall entsteht. Wer in solchen Räumen aufwächst, der eignet sich normabweichendes Verhalten als kulturelle Praxis an. Er schwänzt den Schulunterricht, wird schließlich zum Schulversager und läuft Gefahr, in die Kriminalität abzurutschen.

Eine andere Theorie geht auf Merton (1938) zurück. Sie ist unter **Anomie** geläufig. Er ging davon aus, dass Menschen in industrialisierten Gesellschaften, egal in welcher Sozialschicht, letztlich danach streben, kulturell akzeptierte und anerkannte Ziele zu erreichen. Sie wollen Erfolg und Karriere und sich mit jenen Statussymbolen schmücken, die sie als erfolgreich ausweisen. Wenn aber die Bedingungen, unter denen sie leben, sie hindern, die Ziele zu erreichen, dann reagieren sie mit normabweichendem Verhalten. Sie wenden sich von der Gesellschaft ab, rebellieren oder versuchen ihre Ziele auf illegalen Wegen zu erlangen. In Städten werden Personen, die können und haben, und Personen, die nicht können, aber gerne hätten, die Differenzen tagtäglich vor Augen geführt. Das erzeugt bei den vermeintlichen „Versagern" Stress.

Forschungsdesigns 5

Städte sind ein komplexes Agglomerat von physikalischen Entitäten und sozialen Interaktionen. Mono-kausale Einflüsse auf die somatische und mentale Gesundheit der städtischen Bewohnerinnen und Bewohner sind eher unwahrscheinlich. Wahrscheinlicher sind komplexe Wirkmechanismen, die sich nur erklären lassen, wenn man disziplinäre um interdisziplinäre Bezüge erweitert und einen methodischen Ansatz verfolgt, der neben der Analyse von direkten Effekten auch Interaktions-, Moderator- und Mediatoreffekte kalkuliert. Die typische Vorgehensweise epidemiologischer Arbeiten, sich auf die direkten Effekte zu konzentrieren, indem man mögliche „Risikofaktoren" statistisch kontrolliert, sie also aus den Regressionsgleichungen entfernt, um die „reinen" Wirkungen zu ermitteln, verstellt den Blick auf mögliche gewichtige **indirekte Effekte.** Um das zu verdeutlichen, kommen wir noch einmal zurück auf die gesundheitsprotektiven Einflüsse von Stadtgrün. Was wirkt hier? Sind es die in „Waldstudien" detektierten Terpene, ist es das Grün, sind es die Vögel, die in den Bäumen nisten und im Frühling ihren Balzgesang erklingen lassen, oder ist es die körperliche Aktivität, die im begrünten, attraktiven Umfeld höher ausfällt als in Räumen mit weniger Vegetation? Näher kommt man der Antwort nur, wenn man diese Variablen erfasst und in statistischen Analysen als **Moderator** oder **Mediator** in adäquaten Forschungsansätzen behandelt.

So vielfältig die Fragestellungen, die aus unterschiedlichen Disziplinen im Kontext von Urban Health aufgeworfen werden, so unterschiedlich sind die methodischen Wege, die gegangen werden, um sie zu beantworten. Galea und Vlahov (2005) erkennen drei prinzipielle Vorgehensweisen:

© Springer Fachmedien Wiesbaden GmbH 2017   27
W. Schlicht, *Urban Health,* essentials,
DOI 10.1007/978-3-658-18654-8_5

1. Der Vergleich von Stadt und ländlichem Raum,
2. der Vergleich von Städten unterschiedlicher Größe und/oder nationaler und/oder internationaler Lage und
3. die Analyse der Wirkung von Räumen (Quartieren, Nachbarschaften) auf die Gesundheit und das Gesundheitsverhalten.

Im erstgenannten Weg werden gesundheitliche Endpunkte (Inzidenz und Prävalenz der Morbidität, Mortalität) von Land- und Stadtbewohnern verglichen. Den Weg gehen beispielsweise Arbeiten zur mentalen Gesundheit, die fragen, ob Städter für psychische Störungen anfälliger sind als Landbewohnerinnen und -bewohner. Auf diesem Weg entdeckt man Merkmale, in denen Stadt und Land sich unterscheiden und die mit den gesundheitlichen Endpunkten (Morbidität, Mortalität) assoziiert sind. Die Annahme aber ist gewagt. Man muss quasi unterstellen, dass „Stadt" hier und „Land" dort, als generische Einheiten gelten können, dass sie also binnenhomogen sind. Stadt und Land sind aber dynamischen Entwicklungen unterworfen. Was heute noch gilt, das kann sich morgen schon verändert haben.

Den zweiten Weg gehen Arbeiten, die nach Merkmalen und Auffälligkeiten suchen, in denen sich Städte unterscheiden. Solche Arbeiten wollen ermitteln, wie stadttypische Merkmalsvariationen auf die Gesundheit und das Gesundheitsverhalten wirken. Sie fragen etwa, ob Größe (Klein-, Mittel-, Großstadt, Metropole) einen Unterschied macht oder die für eine Stadt typische Gestalt (z. B. Verkehr, Infrastruktur) oder ob sich ihre Lage (z. B. Europa, USA) auf die Gesundheit auswirkt? Solche Studien müssen unterstellen, dass die Merkmale einer Stadt universell auf alle Bewohnerinnen und Bewohner wirken.

Auf dem dritten Weg ist die analytische Ebene tiefer angesiedelt. Hier stellt sich die Frage, ob sich Quartiersmerkmale einer Stadt auf die Gesundheit und das Gesundheitsverhalten auswirken. Studien zur walkability eines Quartiers sind ebenso prototypisch wie Studien, die Quartiere vergleichen, die mehr oder weniger Vegetation enthalten oder Studien, in denen Räume mit unterschiedlichen Sozialstrukturen untersucht werden. Erneut stellt sich das Problem der Generalisierung. Was zum Beispiel in dem einen städtischen Quartier der einen Stadt als mobilitätsförderndes Merkmal identifiziert wurde, das muss nicht zwangsläufig auch in einem gleich gestalteten städtischen Quartier einer anderen Stadt identisch wirken. Die differenten Befunde zur walkability, die in US-amerikanischen Städten ermittelt wurden und jene aus europäischen Städten, zeugen davon.

Unabhängig vom Vorgehen ist relevant, ob quer- oder längsschnittlich analysiert wird und ob Dosis-Wirkungsbeziehungen modelliert werden. Nur ein Längsschnitt ermittelt Veränderungen und erlaubt kausale Aussagen zu korrespondierenden Merkmalsvariationen der Stadtgestalt und der Gesundheits-endpunkte. Allerdings sind Längsschnittstudien kostenintensiver, weil auch zeitaufwendiger als Querschnittsarbeiten. Unabhängig vom Vorgehen ist auch zu bedenken, dass Städter keine homogene Gruppe bilden. Effekte der Stadtgestalt wirken also nicht unabhängig von Personenmerkmalen (z. B. Alter, Geschlecht). Kinder und alte Menschen und insbesondere Hochaltrige sind beispielsweise umweltabhängiger und ihnen sind andere Merkmale (z. B. Zugehörigkeit zur Nachbarschaft) wichtiger, als jungen Menschen.

Bei der Komplexität, die dem Gegenstand eigen ist, nimmt es nicht wunder, dass sämtliche methodischen Wege beschwerlich, und dass blinde Flecken nur unvollständig ausgeleuchtet sind. Die Komplexität des Gegenstands benötigt eindeutige Fragestellungen mit passenden methodischen Zugängen, um aus den Erkundungen der *terra incognita* im interdisziplinären Verbund eine komplette Landkarte zu kartografieren. Diese Landkarte könnte dann im Sinne des Public Health-Gedankens genutzt werden, um **Gesunde Städte** zu gestalten (Lafond 2015). Das Forschungsgebiet benötigt einen interdisziplinären und – will man in die Stadtgesellschaft wirken – transdisziplinären Zugang. Der wiederum benötigt als theoretische Folie einen sozial-ökologischen Ansatz.

Statt eines Fazits, eine Grafik 6

Statt alle gesundheitlich relevanten Merkmalen der Stadt, die bislang vermutet und/oder identifiziert wurden, noch einmal mit anderen Worten zu raffen, soll die Abb. 6.1 die Quintessenz des Studienmaterials visualisieren.

Die Wirkung der Merkmale auf die Gesundheit und das Gesundheitsverhalten (in der Abbildung vor allem mit Bezug zur Alltagsaktivität) ist teilweise hypothetisch. Die Merkmale sind an den Ansatz von Hunter und Askarinejad (2015) angelehnt, die 62 räumlich-strukturelle Attribute ermittelt haben, die Menschen als angenehm empfinden und die erholsam wirken sollen.

© Springer Fachmedien Wiesbaden GmbH 2017 31
W. Schlicht, *Urban Health*, essentials,
DOI 10.1007/978-3-658-18654-8_6

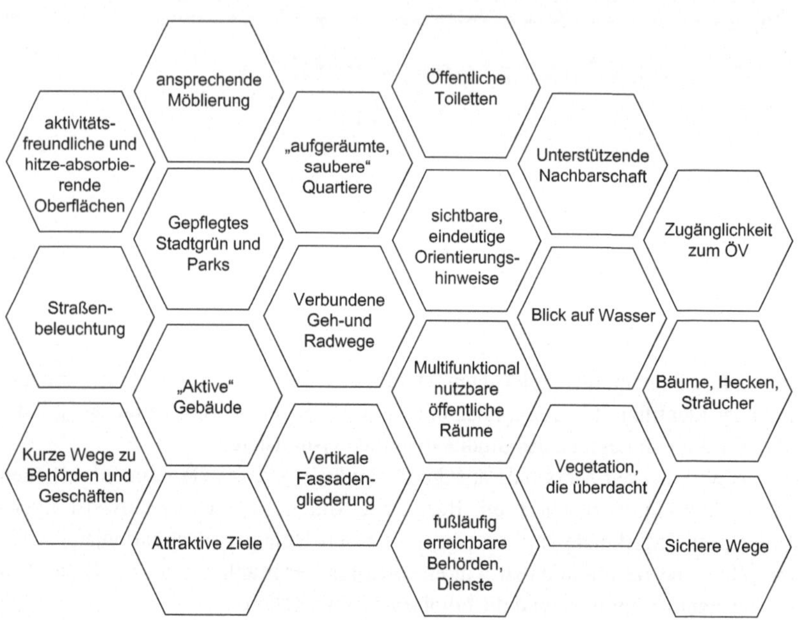

Abb. 6.1 Gesundheitlich relevante Stadtmerkmale

Literatur

Alcock, I., White, L. E., Wheeler, B. W., Fleming, L. E., & Depledge, M. H. (2014). Longitudinal effects on mental health of moving to greener and less green urban areas. *Environmental Science and Technology, 48*, 1247–1255.

Annear, M., Keeling, S., Wilkinson, T., Cushman, G., Gidlow, B., & Hopkins, H. (2014). Environmental influences on healthy and active ageing: A systematic review. *Aging and Society, 34*, 590–622.

Arminius (1874). *Die Großstädte in ihrer Wohnungsnoth und die Grundlagen einer durchgreifenden Abhilfe*. Leipzig: Duncker & Humblot.

Babisch, W. (2000). Traffic noise and cardiovascular disease: Epidemiological review and synthesis. *Noise and Health, 2*, 9–32.

Bandura, A. (1991). Human agency: The rhetoric and the reality. *American Psychologist, 46*, 157–162.

Baumeister, H., et al. (2016). *Leitfaden Gesunde Stadt. Hinweise für Stellungnahmen zur Stadtentwicklung aus dem öffentlichen Gesundheitsdienst*. Bielefeld: LZG.NRW.

Berman, M. G., et al. (2012). Interacting with nature improves cognition and affect for individuals with depression. *Journal of Affective Disorder, 140*, 300–305.

Böhme, C., & Bunge, C. (2016). Umweltgerechtigkeit und gesundheitsfördernde Stadtentwicklung. *Public Health Forum, 24*(4), 258–260.

Böhme, C., Kliemke, C., Reimann, B., & Süß, W. (Hrsg.). (2012). *Handbuch Stadtplanung und Gesundheit*. Bern: Huber.

Bourdieu, P. (1982). *Die feinen Unterschiede. Kritik der gesllschaftlichen Urteilskraft*. Frankfurt a. M.: Suhrkamp.

Bronfenbrenner, U. (1981). *Die Ökologie der menschlichen Entwicklung. Natürliche und geplante Experimente*. Stuttgart: Klett-Cotta.

Brown, S., et al. (2016). Neighbourhood greenness and chronic health conditions in medicaire beneficiaries. *American Journal of Preventive Medicine, 30*, 2529–2536.

Bucksch, J., & Schneider, S. (Hrsg.). (2014). *Walkability. Das Handbuch zur Bewegungsförderung in der Kommune*. Bern: Huber.

BZgA, (2009). *Zum Zusammenhang von Nachbarschaft und Gesundheit*. Köln: BZgA.

Cai, X., Scott, E. M., Li, Z., & Tang, M. (2016). Short-term effect of atmospheric particulate matter on myocardial infarction. A cumulative meta-analysis. *Environmental Science and Polution Research, 23*, 6139–6148.

© Springer Fachmedien Wiesbaden GmbH 2017

W. Schlicht, *Urban Health*, essentials,

DOI 10.1007/978-3-658-18654-8

Capaldi, C. A., Dopko, R. L., & Zelenski, J. M. (2014). The relationship between nature connectedness and happiness: A meta analysis. *Frontiers in Psychology, 5,* 976.

Cessaroni, G., et al. (2014). Long term exposure to ambient air pollution and incidence of acute coronary events: Prospective cohort study and meta-anlysis in 11 European cohorts from the ESCAPE Project. *British Medical Journal, 348,* f7412.

Cheng, H., et al. (2017). Living near major roads and the incidence of dementia, Parkinsons's disease, and multiple sclerosis: A population-based cohort study. *The Lancet.* doi:10.1016/S0140-6736(16)32399-6.

Christensen, K., et al. (2013). Physical and cognitive functioning of people older than 90 years: A comparison of two Danish cohorts born 10 years apart. *The Lancet, 382,* 1507–1513.

Corbun, J., Arredondo, G., & Malagon, J. (2014). Health in all urban policy: City services through the prism of health. *Journal of Urban Health, 91,* 623–636.

Cox, D. T. C., et al. (2017). Doses of neighborhood nature: The benefits for mental health of living with nature. *BioScience, 67,* 147–155.

deStatis, (2016). *Statistisches Jahrbuch.* Wiesbaden: Statistisches Bundesamt.

Diez Roux, A. V., & Mair, C. (2010). Neighborhoods and health. *Annals of the New York Academy of Sciences, 1186,* 125–145.

Duncan, D. T., Aldstadt, J., Wahlen, J., Melly, S. J., & Gortmaker, S. L. (2011). Validation of WalkScore® for estimating neighborhood walkability: An analysis of four US metropolitan areas. *International Journal of Environmental Research and Public Health, 8,* 4160–4179.

Dye, C. (2008). Health and urban living. *Science, 319,* 766–769.

Eisinger, A. (2004). Urbanität: Ein Element zeitgemäßer Standortpolitik. In M. L. Hilber & A. Ergez (Hrsg.), *Stadtidentität. Der richtige Weg zum Stadtmarketing* (S. 93–103). Zürich: Orell Füssli.

Ewing, R., & Handy, S. (2009). Measuring the unmeasurable: Urban design qualities related to walkability. *Journal of Urban Design, 14,* 65–84.

Fehr, R. (2016). Urban Health/StadtGesundheit in Deutschland. *Public Health Forum, 24*(4), 251–254.

Fehr, R., Fertmann, R., Stender, K.-P., Lettau, N., & Trojan, A. (2016). StadtGesundheit (Urban Health) – Eine Blickfelderweiterung am Beispiel Hamburgs. *Gesundheitswesen, 78,* 498–504.

Feigin, V. L., et al. (2016). Global burden of stroke risk factors in 188 countries, during 1990–2013: A systematic analysis for the Global of Disease Study 2013. *The Lancet Neurology, 15,* 913–924.

Foratster, M. (2013). Is it traffic-related air pollution or road traffic noise, or both? Key questions not settled. *International Journal of Public Health, 58,* 647–648.

Frank, L. D., Sallis, J. F., Saelens, B. E., Leary, L. K. C., Conway, T. L., & Hess, P. M. (2010). The development of a walkability index: Application to the neighbourhood quality of life study. *British Journal of Sports Medicine, 44,* 924–933.

Galea, S., & Vlahov, D. (2005). Urban health: Evidence, challenges, and directions. *Annual Review of Public Health, 26,* 341–365.

Gibson, J. J. (1979). *The ecological approach to visual perception.* Boston: Hougthon Mifflin.

Glass, T. A., & McAtee, M. J. (2006). Behavioral science at the crossroads in public health. Extending horizons, envisioning the future. *Social Science and Medicine, 62,* 1650–1671.

Haddad, L., & Meyer-Lindenberg, A. (2012). Soziale Umweltrisikofaktoren und psychische Erkrankungen. *Nervenarzt, 83,* 1403–1409.

Häfele, J. (2013). *Die Stadt, das Fremde und die Furcht vor Kriminalität.* Wiesbaden: Springer.

Hall, P., & Pfeifer, U. (2000). *Urban 21. Der Expertenbericht zur Zukunft der Städte.* Stuttgart: DVA.

Haluza, D., Schönbauer, R., & Cervinka, R. (2014). Green perspectives for public health: A narrative review on the physiological effects of experiencing outdoor nature. *International Journal of Public Health, 11,* 5445–5461.

Hartig, T., Mitchell, R., deVries, S., & Frumkin, H. (2014). Nature and Health. *Annual Review of Public Health, 35,* 21.1–21.22

Haubl, R. (2013). Psychisches Risiko „Großstadtleben". *Psychotherapeut, 58,* 176–183.

Häußermann, H., & Siebel, W. (2000). *Stadtsoziologie – Eine Einführung.* Frankfurt a. M.: Campus.

Heuschmann, P. U., et al. (2010). Schlaganfallhäufigkeit und Versorgung von Schlaganfallpatienten in Deutschland. *Aktuelle Neurologie, 37,* 333–340.

Hunter, A., & Askarinejad, A. (2015). Designer's approach for scene selection in test of preference and restoration along a continuum of natural to manmade environments. *Frontiers in Psychology, 6,* 1228.

IPCC (2014). *Climate Change 2014: Synthesis Report. Contribution of Working Groups I, II and III to the Fifth Assessment Report of the Intergovernmental Panel on Climate Change [Core Writing Team, R.K. Pachauri and L.A. Meyer (eds.)].* Genf: IPCC.

Jokela, M. (2014). Are neighborhood health associations causal? A 10-year prospective cohort study with repeated measurements. *American Journal of Epidemiology, 180,* 776–784.

Joye, Y., & Berg, A. E. van den. (2011). Is love for green in our genes? A critical analysis of evolutionary assumptions in restorative environments research. *Urban Forestry & Urban Gardening, 10,* 261–268.

Kahlert, D., & Schlicht, W. (2015). Older people's perception of pedestrian friendliness and traffic safety: An experiment using computer-simulated walking environments. *International Journal of Environmental Research and Public Health, 12,* 10066–10078.

Kaplan, S. (1995). The restorative benefits of nature: Towards an integrative framework. *Journal of Environmental Psychology, 15,* 169–182.

Kardan, O., Gozdyra, P., Misic, B., Moola, F., Palmer, L. J., Paus, T., et al. (2015). Neighborhood greenspace and health in a large urban center. *Scientific Reports, 5,* 11610.

Kelly, J. F. (2012). *Social cities.* Melbourne: Grattan Institute.

Lafond, J. L. (Hrsg.). (2015). *National healthy cities networks in the WHO European region.* Copenhagen: WHO Regional Office Europe.

Lairciter, A.-R. (2006). Soziale Unterstützung. In H.-W. Bierhoff & D. Frey (Hrsg.), *Handbuch der Sozialpsychologie und Kommunikationspsychologie* (S. 166–173). Göttingen: Hogrefe.

Latour, B. (2005). *Eine neue Soziologie für eine neue Gesellschaft. Einführung in die Akteur-Netzwerktheorie.* Frankfurt a. M.: Suhrkamp.

Lederbogen, F., & Meyer-Lindenberg, A. (2015). Macht Stadtleben krank. *MMW – Fortschritte der Medizin, 21,* 70–74.

Luepker, R. V., et al. (1994). Community education for cardiovascular disease prevention: Risk factor changes in the Minnesota heart health program. *American Journal of Public Health, 84*, 1383–1393.

Mackiewicz, K. (2016). Urban planning as a tool to enhance the health of city inhabitants. *Urban Health, 24*(4), 307–309.

Merton, R. K. (1938). Social structure and anomie. *American Journal of Social Reviews, 3*, 672–682.

Mitscherlich, A. (1965). *Die Unwirtlichkeit unserer Städte. Anstiftung zum Unfrieden.* Frankfurt a. M.: Suhrkamp.

Moran, M., Cauwenberg, J. van, Hercky-Linnewiel, R., Cerin, E., DeForche, B., & Plaut, P. (2014). Understanding the relationship between the physical environment and physical activity in older adults: A systematic review of qualitative studies. *International Journal of Behavioral Nutrition and Physical Activity, 11*, 79–91.

Morris, J. N., et al. (1953). Coronary heart disease and physical activity at work. *Lancet, 256*(6796), 1053–1057.

MRFIT. (1982). Multiple risk factor research trial: Risk factor changes and mortality results. *Journal of the American Medical Association, 248*, 1465–1477.

Münzel, T., Gori, T., Babisch, W., & Basner, M. (2014). Cardiovascular effects of environmental noise exposure. *European Heart Journal, 35*, 829–836.

NICE. (2007). *Physical activity and the environment. Review five: Building design.* London: NICE.

Niemann, H., Bonnefoy, X., Braubach, M., Hecht, K., Maschke, C., Rodrigues, C., et al. (2006). Noise induced annoyance and morbidity results from the pan-European LARES study. *Noise Health, 8*, 63–79.

Oswald, F., Jopp, D., Rott, C., & Wahl, H.-W. (2011). Is aging in place a resource for or a risk to life satisfaction? *The Gerontologist, 51*, 238–250.

Park, R. E., & Burgess, E. (1921). *Introduction to the science of sociology.* Chicago: University of Chicago Press.

Peen, J., Schoevers, R. A., Beekman, A. T., & Dekker, J. (2010). The current status of urban-rural differences in psychiatric disorders. *Acta Psychiatrica Scandinavia, 121*, 84–93.

Power, M., Kioumourtzoglou, M.-A., Hart, J. E., Okereke, O. I., Laden, F., & Weisskopf, M. G. (2015). The relation between past exposure to fine particulate air pollution and prevalent anxiety: Observational cohort study. *British Medical Journal, 350*, h1111.

Putnam, R. (1995). Bowling alone. America's declining social capital. *Journal of Democracy, 6*, 65–78.

Radkau, J. (1998). *Das Zeitalter der Nervosität.* München: Hanser.

Reichow, H. B. (1959). *Die autogerechte Stadt. Ein Weg aus dem Verkehrs-Chaos.* Ravensburg: Otto Maier.

Reyer, M., Fina, S., Siedentop, S., & Schlicht, W. (2014). Walkability is only part of the story: Walking for transportation in Stuttgart, Germany. *International Journal of Environmental Research and Public Health, 11*, 5849–5865.

Rodenstein, M. (1988). *Mehr Licht, mehr Luft: Gesundheitskonzepte im Städtebau seit 1750.* Frankfurt a. M.: Campus.

Rosso, A. L., Auchincloss, A. H., & Michael, Y. L. (2011). The urban built environment and mobility in older adults: A comprehensive review. *Journal of Aging Research*, 2011, doi:10.4061/2011/816106

Rottman, M., & Mielck, A. (2013). Walkability und körperliche Aktivität – Stand der empirischen Forschung auf Basis der Neighbourhood Environment Walkability Scale (NEWS). *Gesundheitswesen, 76,* 108–115.

Schnur, O. (2012). Nachbarschaft und Quartier. In E. Frank (Hrsg.), *Handbuch Stadtsoziologie* (S. 449–474). Wiesbaden: VS Verlag.

Schwarzer, R., & Leppin, A. (1997). Sozialer Rückhalt, Krankheit und Gesundheitsverhalten. In R. Schwarzer (Hrsg.), *Gesundheitspsychologie* (S. 395–414). Göttingen: Hogrefe.

Shah, A. S. V., et al. (2015). Short term exposure to air pollution and stroke: Systematic review and meta-analysis. *British Medical Journal, 350*(24), h1295.

Stokols, D. (1996). Translating social ecological theory into guidelines for community health promotion. *American Journal of Health Promotion, 10*(4), 282–297.

Stokols, D. (2003). The ecology of human strengths. In L. G. Aspinwall, & M. Staudinger (Hrsg.), *A psychology of human strenghts. Fundamental questions and future directions for a positive psychology* (S. 331–343). Washington, DC: American Psychological Association.

Stübben, H.-J. (1890). *Der Städtebau.* München: Vieweg.

Thompson, W. C., Curl, A., Aspinall, P., Alves, S., & Zuin, A. (2014). Do changes to the local street environment alter behaviour and quality of life of older adults. The 'DIY Streets' intervention. *Bristish Journal of Sports Medicine, 48,* 1059–1065.

Ulrich, R. S. (1984). View through a window may influence recovery from surgery. *Science, 224,* 420–423.

Ulrich, R. S. (1993). Biophilia, biophobia and natural landscapes. In S. Kellert & E. O. Wilson (Hrsg.), *The biophilia hypothesis* (S. 73–137). Washington, DC: Island Press.

Vlahov, D., Boufford, J. J., Pearson, C. E., & Norris, L. (Hrsg.). (2010). *Urban health: Global perspectives.* San Francisco: Jossey-Bass & Wiley.

Vogler, P., & Kühn, E. (Hrsg.). (1957). *Medizin und Städtebau (Bde. 1 und 2).* München: Urban & Schwarzenberg.

Völker, S., Claßen, T., Baumeister, H., & Kistemann, T. (2012). "Stadtblau" – Die Renaissance eines gesundheitsförderlichen Faktors. *Public Health Forum, 20,* 21.e1–21.e3.

Wallwork, R. S., et al. (2016). Ambient fine particular matter, outdoor temperature, and risk of metabolic syndrome. *American Journal of Epidemiology, 185,* 30–39.

WBGU. (2016). *Der Umzug der Menschheit: Die transformative Kraft der Städte. Zusammenfassung.* Berlin: WBGU.

Weltgesundheitsorganisation. (2011). *Burden of disease from environmental noise. Quantification of healthy life years lost in Europe.* Copenhagen: WHO Regional Office for Europe.

Weltgesundheitsorganisation. (2016). *Urban green spaces and health.* Copenhagen: WHO Regional Office for Europe.

Wolf, S., Grimshaw, V. E., Sacks, R., Maguier, T., Matera, C., & Lee, K. K. (2015). The impact of a temporary recurrent street closure on physical activity in New York City. *Journal of Urban Health, 92,* 230–241.

Yen, I. H., Michael, Y. L., & Perdue, L. (2009). Neighborhood environment in studies of health of older adults. *American Journal of Preventive Medicine, 37,* 455–463.

Yen, I. H., Fandel Flood, J., Thompson, H., Anderson, L. A., & Wong, G. (2014). How design of places promotes or inhibits mobility of older adults: Realist synthesis of 20 years research. *Journal of Aging and Health, 26,* 1340–1372.